蓝色海洋

海底生物之最

阮宣民　编写

吉林出版集团股份有限公司

图书在版编目（CIP）数据

海底生物之最 / 阮宣民编写. -- 长春：吉林出版
集团股份有限公司，2013.9
（蓝色海洋）
ISBN 978-7-5534-3323-3

Ⅰ. ①海… Ⅱ. ①阮… Ⅲ. ①海洋生物－青年读物②
海洋生物－少年读物 Ⅳ. ①Q178.53-49

中国版本图书馆CIP数据核字(2013)第227232号

海底生物之最

HAIDI SHENGWU ZHIZUI

编　　写	阮宣民	
策　　划	刘　野	
责任编辑	祖　航　关锡汉	
封面设计	艺　石	
开　　本	710mm×1000mm　　1/16	
字　　数	75千	
印　　张	9.5	
定　　价	32.00元	
版　　次	2014年3月第1版	
印　　次	2018年5月第4次印刷	
印　　刷	黄冈市新华印刷股份有限公司	

出　　版	吉林出版集团股份有限公司	
发　　行	吉林出版集团股份有限公司	
地　　址	长春市人民大街4646号	
	邮编：130021	
电　　话	总编办：0431-88029858	
	发行科：0431-88029836	
邮　　箱	SXWH00110@163.com	
书　　号	ISBN 978-7-5534-3323-3	

前　言▍

　　远观地球，海洋像一团团浓重的深蓝均匀镶在地球表面，成为地球上最显眼的色彩，也是地球上最美的风景。近观大海，它携一层层白浪花从远方涌来，又延伸至我们望不见的地方。海洋承载了人类太多的想象，这些幻想也不断地激发着人类对海洋的认知和探索。

　　无数的人向着海洋奔来，不忍只带着美好的记忆离去。从海洋吹来的柔软清风，浪花拍打礁石的声响，盘旋飞翔的海鸟，使人们的脚步停驻在这片开阔的地方。他们在海边定居，尽情享受大自然的赐予。如今，在延绵的海岸线上，矗立着数不清的大小城市，这些城市如镶嵌在海岸的明珠，装点着蓝色海洋的周边。生活在海边的人们，更在世世代代的繁衍中，生出了对海洋的敬畏和崇拜。从古至今的墨客们在海边也留下了他们被激发的灵感，在他们的笔下，有了美人鱼的美丽传说，有饱含智慧的渔夫形象，有"洪波涌起"的磅礴气魄……这些信仰、神话、诗词、童话成为了人类精神文明的重要载体之一。

　　为了能在海洋里走得更深更远，人们不断地更新航海潜水技术，从近海到远海，从赤道到南北两极，从海洋表面到深不可测的海底，都布满了科学家和海洋爱好者的足印。在海洋底下之旅的探寻中，人们还发现了另一个多姿的神秘世界。那里和陆地一样，有一望无际的平原，有高耸挺拔的海山，有绵延万里的海岭，有深邃壮观的海沟。正如陆地上生活着人类一样，那里也生活着数百万种美丽的海洋生物，有可以与一辆火车头的力量相匹敌的蓝色巨鲸，聪明灵活的海狮，古老顽强的海龟，四季盛开的海菊花……它们在海里游弋，有的放出炫目的光彩，有的发出奇怪的声音。为了生存，它们同样各自运用着自己的本能与智慧在海洋中上演一幕幕生活剧。

除了对海洋的探索，人类还致力于对海洋的利用与开发。人们利用海洋创造出更多的活动空间，将太平洋西岸的物质顺利地运输到太平洋东岸。随着人类科技的发展，海洋深处各种能源与矿物也被利用起来用于加快经济和社会的发展。这些物质的开发与利用也使得海洋深入到我们的日常生活中，不论是装饰品、药物、天然气，还是其他生活用品，我们总能在周围找到有关海洋的点滴。

然而，在海洋和人类的关系中，海洋也并不完全是被动的，它们也有着自己的脾气和性格。不管人们对海洋的感情如何，海洋地震、海洋火山、海啸、风暴潮等这些对人类造成极大破坏力的海洋运动仍然会时不时地发生。即便如此，几千年来，人们仍然将脚步远离海洋，在不断的经验积累和智慧运用中，人们正逐步走向与海洋更为和谐的关系中，而海洋中更多神秘而未知的部分，也正等待着人类去探索。

如果你是一个资深的海洋爱好者，那么这套书一定能让你对海洋有更多更深的了解。如果你还不了解海洋，那么，从拿起这套书开始，你将会慢慢爱上这个神秘而辽阔的未知世界。如果你是一个在此之前从未接触过海洋的读者，这套书一定会让你从现在开始逐步成长为一名海洋通。

引 言

从海洋中出现最原始的生命开始，到现在已经有40亿年的历史了。从最初的单细胞生物（如盐生小球藻）到地球上现存的最长、最重的庞然大物（如蓝鲸），几十亿年的生命演化过程创造出了丰富多彩的海洋生物世界。

浩瀚的海洋是孕育生命的摇篮，它哺育着形形色色的海洋动物。这其中有闪闪发光的夜光虫和身体晶莹透明、随波逐流的水母，有美丽无比的珊瑚、五彩缤纷的海葵和"顶盔掼甲"的虾蟹，有"喷云吐雾"的乌贼、名贵的海参，还有古老的海龟和憨态可掬的海豹，更有聪明灵巧的海豚和硕大无比的巨鲸……它们共同生活在这熙熙攘攘的海洋大家庭里，组成光怪陆离的海洋动物的大千世界。海洋动物是我们人类所需要的动物蛋白的最主要来源之一。人类在工业、医药等许多方面也有赖于海洋生物。

在辽阔而富饶的

▲水母

1

海洋里，除了生活着形形色色的动物之外，还有种类繁多、形态万千的海洋植物。海洋植物可以简单地分为两大类：低等的藻类植物，例如我们常吃的海带；高等的种子植物，例如生长在海边的红树和漂浮在海面上的大叶藻。藻类植物的大小极为悬殊。最小的单细胞藻类个体非常小，只有在显微镜下才能看到它们，而最大的巨藻身长可达二三百米，完全可以称得上是庞然大物。海洋中的种子植物，种类很少。

海洋植物可以称得上是海洋世界的"肥沃大草原"。它们不仅是海洋中鱼、虾、蟹、贝、鲸等动物的美味佳肴，而且还是人类理想的绿色食品；它们不仅是藻胶工业和农业肥料的提供者，而且还是制造海洋药物的重要原料。

🌊 最古老的海洋居民

🌊 海洋鱼类之最

最不可思议的海洋生物

最具特异功能的海洋生物

最具童话色彩的海底生物

最怪异的海洋生物

最古老的海洋居民

最原始的海洋动物

海洋原始动物虽然离现代人类很久远，但对它的研究对于未来海洋的探索具有意义，海洋原生动物繁殖率很高，是其他动物的理想食料。许多种类能通过培养，作为饵料。它们具有一定的营养价值，在浮游生物营养循环中起着重要作用，是海洋食物链的重要组成部分。海洋中最原始、最低等的原生动物都是体形微小的单细胞动物。它们个体最小的约1微米，最大的也只有数厘米长，一般都十分微小，需借助显微镜才能看见。单细胞个体的原生质中通常只具有细胞核、食物泡，有的种类具有纤毛或鞭毛。有人认为，海洋原生动物的大量出现和沉积是形成石油的原因之一。海洋原生动物可作为细胞生物学、生物化学等研究的很好的实验材料。

▲浮游动物——水母

　　原生动物种数繁多，数量巨大。现已知有65 000多种，现生种约占一半，其中多数为海洋种类。海洋原生动物的主要类群为有孔虫、放射虫、腰鞭毛虫、丁丁虫和硅质鞭毛虫。

　　有孔虫从寒武纪到现代均有发现，历时5亿多年，已记载的有34 000多种，占已知原生动物种数的半数以上。其中现生的约有4600种，如抱环虫、编织虫、企虫。有孔虫一般具自身分泌的特丁质、钙质或硅质外壳，也可胶结外界的物质形成外壳。壳由单房室或多房室组成，壳体一般小于1毫米，极少数可达数厘米。颗粒状的粒网伪足从口孔或壁孔伸出，经反复分枝、愈合，形成网状，有运动、摄食、消化和建造外壳等作用。有孔虫的主要食物为硅藻，也会吃其他有机物，个别种类以砂粒为食。有孔虫的生殖方式有无性生殖和有性生殖两种。有性生殖的种类，一般具有类似低等植物的世代交替现象，这种特殊的世代交替生殖方式有别于其他动物的世代交替方式。生殖后的母体，原生质耗尽，生命终止，仅剩空壳。

　　有孔虫主要生活于正常海洋环境，分布很广，从潮间带到深海盆，从北极到南极海域都有。有4000多种有孔虫生活在海底沉积物表层至数厘米内，少数固着于海草或其他物体上生活，统称为底栖有孔虫。它们的种类和数量，在水深不超过200米的陆架区最多，并逐渐向深海递减。它们对环境的反应相当敏感，根据它们的分布趋势可以划出各个不同的深度带，因而有孔虫是很好的海深指示生物。另外，有约40种随海流移动，称为浮游有孔虫。根据对温度的适应性，有孔虫可分暖水种和冷水种两大类群。南、北极海域有3~4个冷水种，数量最多的为厚壳方球虫和泡抱球虫两个种，它们的数量向低纬度递减；在热带亚热带海域数量多的种类有敏纳圆辐虫、袋拟抱球虫等，其数量向高纬度递减以至绝迹。根据各类有孔虫出

现数量最多的区域，可将世界大洋的浮游有孔虫划分为5个组合。这些组合的界线与地球的温度带界线和大洋环流的界线基本吻合。

放射虫的现生种与化石种目前记录的共约7 180种，中国沿海有400多种，分为等幅骨虫类、多囊虫类、稀孔虫类和捧矛虫类。在原生动物中，其数量仅次于有孔虫，死亡后的残骸沉降到海底形成放射虫软泥等。放射虫大小由数微米到数厘米，单体或群体，常呈球状。细胞质由囊膜分为内、外两部分，囊膜上有穿孔，细胞质可由孔中通过。囊内有内质、细胞核、油滴、结晶体和凝块，以及共生的虫黄藻；囊外为外质层，有各种形状的伪足（如粒网伪足和轴足）。某些种类还有肌纤丝，可使身体膨胀或收缩，以在水中沉浮。绝大部分放射虫都有骨骼，骨骼形式繁多，有放射形、同心形、介壳形以及其他形状。骨骼结构的形式是放射虫分类的重要依据。除等幅骨虫的骨骼是由硫酸锶或由钙铝的硅酸盐组成外，大部分都是硅质。

放射虫仅生活于海洋，为大洋性浮游生物，遍布世界各个海域的不同深度，大多数分布在热带海区和大洋环流中。大部分种类分布在离岸较远的海域，愈接近黑潮和湾流区，种类和数量愈多；近岸分布很少，甚至没有。

腰鞭毛虫是具鞭毛的单细胞生物，大小从5微米到2毫米不等，有一个较大的细胞核，一个或多个呈棕黄色的叶绿体，因而植物学家将其列为藻类。鞭毛一纵一横两根，自细胞壁的鞭毛孔生出，鞭毛的运动方式成为分类的重要依据。它的生殖方式为无性生殖的双分裂。大部分腰鞭毛虫营自由生活，少数属共生。具绿色色素体的腰鞭毛虫是自养，缺绿色色素体者为异养，少数种类为吞噬营养。现生种有1 000多种。海洋腰鞭毛虫可分为两个主要生态类型：大洋型和浅海型。大洋型种类个体常较大，并能在营养十分缺乏的情况下生长，它们的丰度呈季节性地波动，通常在晚春或夏季达到最高峰，产生赤潮。在海洋生物初级生产者中，海洋腰鞭毛虫的数量仅次于浮游植物中的硅藻，在海洋食物链中是一个重要角色，成为较大的原生动物的饵料。

丁丁虫体表遍生细纤短毛，靠纤毛的波动得以运动。具一铠壳，壳为胶质，除用来保护身体柔软组织外，还可作为浮游器官，并在移动时指引方向。运动时口端向后，类似枪乌贼那样。个体大小可从20微米到1000微米不等，通常在100～200微米之间。已知约有1200种，现生种为840种，其中海洋种类约占40%。丁丁虫是海洋微型浮游动物的一个主要成员，可以生活在各大洋和沿海水域，绝大部分种类栖息在真光层上部。它们以细菌、藻类、腰鞭毛虫和小型纤毛虫为食，又是较大的浮游动物的饵料。

硅质鞭毛虫为海洋浮游生物中分泌硅质骨骼的小鞭毛虫类。个体小，直径一般为20～50微米。具黄绿色的色素体，能营光合作用，属自养生物，因而植物学家将其列入藻类，称为硅鞭藻。体内有一无色圆形至卵圆形的细胞核，原生质透明清晰。外层中骨骼弯角处伸出伪足，虫体前端伸出单根鞭毛。骨骼一般为小管状，呈放射对称。现生种约有58种。

海洋原生动物分布广泛，从赤道热带海域到两极寒冷水域都有分布。大多数属于大洋性浮游生物，集中在食物丰富的海洋表层至水深100米处；也有很多底栖种类。多数营自由生活，少数为寄生生活。

最神秘的海底人

▲美人鱼雕塑

在神秘莫测的大西洋底，生活着一种奇特的人类，他们修建了金碧辉煌的海底城市，创造了辉煌的历史，无忧无虑地和海底的生物一起生活着。忽然某天，有些海底人感到孤独时，便好奇地浮出海面，混入陆上的人类之中，于是，一系列有趣的事情发生了……读过科幻小说《大西洋底来的人》的读者对这些故事都不会陌生。也许许多读者都会问：大洋底下真的生活着另一种人类吗？对于这个问题，目前还没有明确答案，毕竟我们生活在这个巨大的星球上，而人类目前的认识水平还极有限，还有许许多多我们尚未认识的事物。虽然现在还没有确凿的证据证明海底生活着某种人类，但是，有关海底有人生活的传闻却不断，而且描述也是非常的生动，令人惊讶无比。

　　大部分科学家认为海底人是存在的，而且是史前人类的另一分支，理由是人类起源于海洋，现代人类的许多习惯及器官明显地保留着这方面的痕迹，例如喜食盐、会游泳、爱吃鱼等。俄罗斯学者鲁德尼茨基认为，这个大胆的假设很有道理。假如我们能把海洋神秘闪光的持续时间和间隔时间记录下来，也许现代化的电子计算机能把"海底人"以闪光信号的方式向我们大陆人类发出的信息破译出来。然而，也有少数科学家支持"外星人说"，理由是这些生物的智慧和科技水平远远超过了人类。但是这种假设太离奇，没有得到多数科学家的认可。越来越多的海底怪物让人疑惑，这些怪物是人类从海洋里爬上来后还有一个支脉留在海洋深处，还是来自外星的文明？

　　1938年，在东欧波罗的海东岸的爱沙尼亚朱明达海滩上，一群赶海的人发现一个从没见过的奇异动物：它嘴部很像鸭嘴，胸部却像鸡胸，圆形头部有点像蛤蟆。当"蛤蟆人"发现有人跟踪它时，便一溜烟跳进波罗的海，速度极快，几乎看不到它的双脚，但它却在沙滩上留下硕大的蛤蟆掌印。无独有偶，美国两名职业捕鲨高手在加勒比海海域捕到11条鲨鱼，其中有一条虎鲨长18.3米，当渔民解剖这条虎鲨时，在它的胃里发现了一副异常奇怪的骸骨，骸骨上身三分之一像成年人的骨骼，但从骨盆开始却是一条大鱼的骨骼。当时渔民将之转交警方，经过验尸官检验，结果证实这是一种半人半鱼的生物。1958年，美国国家海洋学会的罗坦博士使用水下照相机，在大西洋4000多米深的海底，拍摄到了一些类似人但却不是人的足迹。

　　1959年2月，在波兰的格丁尼亚港发生了一件怪事。在这里执行任务的一些人，突然发现海边有一个人。他疲惫不堪，拖着沉重的步履在沙滩上挪动。人们立即把他送到格丁尼亚大学的医院内。他穿着一件制服般的东西，脸部和头发好像被火燎过。医生把他单独安排在一个病房内，进行检查。人们随即发现很难解开此病人的衣服，因为它不是用一般呢子、棉布之类东西缝制的，而是用金属做的。衣服上没有开口处，非得用特殊工具，使大劲才能切开。体检的结果，使医生大吃一惊：此人的手指和脚趾都与众不同。此外，他的血液循环系统和器官也极不平常。正当人们要作进一步研究时，他忽然神秘地失踪了。在此前，他一直活在那个医院里。

英国的《太阳报》报道，1962年发生过一起科学家活捉小人鱼的事件。前苏联列宁科学院维诺葛雷德博士讲述了经过：当时，一艘载有科学家和军事专家的探测船，在古巴外海捕获了一个能讲人语的小人鱼，皮肤呈鳞状，有鳃，头似人，尾似鱼。小人鱼称自己来自亚特兰蒂斯市，还告诉研究人员在几百万年前，亚特兰蒂斯大陆横跨非洲和南美，后来沉入海底……后来小人鱼被送往黑海一处秘密研究机构，供科学家们深入研究。

据报道，1985年，美国国家海洋学会的罗坦博士驾驶一个小型深潜器，携带一部水下摄影机对大西洋底进行考察。当他潜到约4000米深处时，眼前出现了一幅令人惊异的奇妙景象：面前是一个海底庄园，那是一座金碧辉煌的西班牙式水晶城堡，连道路也全部采用类似大理石的水晶块铺设而成。在圆形建筑物顶上，安装着类似雷达的天线，但城市中看不到一个人影，罗坦博士连忙用水下摄影机抢拍镜头，但突然涌来一股不明海底湍流，把他和深潜器推离了这个美丽的海底城市。此后，罗坦博士再也找不到这座海底"水晶宫"了，更遗憾的是，他抢拍下来的镜头也模糊不清，只能隐隐约约看到水下城堡的影子。1992年夏天，据说一群西班牙采海带的工人，在只有几十米深的海中看到一个庞大的透明圆顶建筑物。

1993年7月，英美一些学者又声称在大西洋百慕大约1000米的海底发现了两座巨型"金字塔"。据他们说，发现的金字塔是用水晶玻璃建造的，宽约100米，高约200米。然而，当人们闻讯再次返回这些地点

▲虎鲨

时，这些传说的海底建筑都已经消失得无影无踪。

　　海底是否真的有人生活，一直是科学家争论不休的问题。有些学者认为，有关发现海底人、幽灵潜艇和海底城堡的传闻，大都是一些无聊的人无中生有、信口胡编的骗局，有些人是为了出名而编造了这些稀奇古怪的经历和传闻，而有些人纯粹是出于好玩或寻开心。这些学者认为，所谓发现的海底人，可能是海中的一些动物，而幽灵潜艇可能是一些试验性的先进潜艇，而发现的水中城堡、金字塔纯属子虚乌有，根本没有令人信服的证据可以证明这类海底建筑的存在。

　　然而，有许多人却持相反看法。他们认为，《大西洋底来的人》并非杜撰出来的科幻小说，种种迹象表明，在广袤无边的大海深处，应该存在着另一类神秘的智能人类——海底人。他们的根据是：陆上的人类是从海洋动物进化而来的。海底人是地球人类进化中的一个分支，和陆地人类一样，他们在海洋中不断进化，但最终没有脱离大海，而是成为大洋中的主

人。持有这种观点的学者认为，著名的"比密里水下建筑"就是海底人的建筑遗迹，后来由于海底上升，只适于深海生活的海底人只好放弃他们的城堡。他们甚至指出，西班牙海底发现的大型圆顶透明建筑和大西洋底发现的金字塔可能是海底人类的高科技建筑及设备。金字塔可能是用来发电或净化、淡化海水的设备，而那些建筑上的雷达状天线可能是他们进行海底无线联系的网络天线。此外，俄罗斯一些研究不明物体的专家则认为，在海中出没的海底人应该是来自外星球的智慧生物。因为如果"海底人"是地球史前人类进化的一分支，那么他们的文明发展程度与地球人类相差不远，而实际上从海中出现的不明潜水艇的技术和功能看来，地球人目前根本无法制造出这样先进的舰艇。因此，他们只能是来自外星的高智慧人类。他们可能在大洋深处建立了基地，并常常出没于海洋中。

　　海底人到底是否存在，它们从何而来，今天我们尚无法得出结论，但可以肯定，未来的某天，这一谜底最终将被揭开！

▼潜艇

最慢性子的古海龟

▲海龟

　　古海龟生存于6 500万至500万年前。古海龟是个慢性子，它的大多数食物都漂动在海平面附近。它除了在海床上冬眠外，几乎不需要深潜。它是一种什么都吃的动物，清扫漂浮的鱼、水母、腐肉和植物。它锋利而强大的喙可以咬开有壳的动物，比如菊石。

　　古海龟巨大的鳍暗示它是一种悠游于开阔大洋中的长距离游泳者，但它绝不会孤独，它那巨大的尺寸不仅吸引着成群的幼年鱼类，还吸引了藤壶和寄生虫。尽管古海龟尺寸巨大，但它无法把头和鳍状肢缩回骨质的外壳内加以保护，因此对大型掠食者来说它还是一种易得手的猎物。类似于现代的海龟，它也在黑暗的掩护下到沙滩上产卵并将卵掩埋。它最近的活着的亲戚是现在世界上最大的海龟——棱皮龟。

最温和的巨物——利兹鱼

利兹鱼生存于1.65亿至1.55亿年前。利兹鱼是一种巨大的鱼，能使海洋中所有其他动物都显得矮小，但它是一位温和的巨人，靠小虾、水母和小鱼这些浮游动物过活。它可能缓慢地游过大洋的上层水体，吸入满满一口富含浮游生物的水，然后通过嘴后部巨大的网板把它们筛出来。它的进食习惯类似于现代的蓝鲸，蓝鲸也只靠浮游生物过活。它们可能作长距离的旅行，寻找世界的某个地区，在那里有浮游生物因季节原因聚集成一大团浓稠的营养汤。利兹鱼所生活的侏罗纪的海洋仍是一个危险的地方，尽管它身躯庞大，却没有专门防御措施抵御掠食者，比如滑齿龙和地栖鳄。一次攻击未必能杀死成年的利兹鱼，几个掠食者却能造成致命的伤害。

▲蓝鲸

沙钱，或译"海钱"，是一种海上无脊椎动物，属海胆纲，直径5～10厘米。沙钱生活在潮间带或潮下带的沙滩表面或埋在沙内，甚至分布至水深3000米的海床。由于其栖息处及外形多呈圆盘状，彷如一个银币，因而得名。

沙钱的整个身体都由棘刺所包围。但与一般的海胆不同的是，它们的棘刺是细小且呈绒毛状的。这些细绒毛棘刺主要是用来挖沙，以让身体潜入沙中。在反口面上，沙钱也有着五副的步带，这些步带呈花瓣状，可以让海水进入其身体，以海浪协助运动。在细小的棘刺表面，可以看到布满幼小及像毛发般的纤毛，配合其黏性，可以把食物送往位于腹面中央位置的口器。沙钱的肛门同样在腹面，或是更后的尾部。由于沙钱的运动主要靠天然的海浪，它的管足亦可用作搜集食物。沙钱的主要食物是浮游生物或是一些在藏于沙底的有机物质。

生活在海床中的沙钱，一般都是群居的。这是因为它们较喜欢在软海床排出精子及卵子，以协助生殖幼虫。沙钱幼虫一般会在海中浮游，并经历各种变态。当硬壳成形后，它们便会由浮游变为栖息在海床中。

由于沙钱的可食用部分非常的少，且有着较坚硬的硬壳，在大自然中只有少数的生物对沙钱感兴趣。

最容易被遗忘的沙钱

▲沙钱

其中一种有着厚唇，且与鳗鱼相似的大洋鳕鱼，它们有时会享用生活在海中的沙钱。至于生活在沙地上的沙钱，在潮退后往往会暴露在沙滩上，一般会成为人类采集的对象，成为标本。在狂风暴雨后，海浪就会把死去的沙钱冲上岸滩，这时就成为采集标本的良机。

由于沙钱的"母亲"生活在海底不能保护自己的幼虫，因此幼虫只能通过观察各种细微的迹象来防备鱼类等天敌。海洋生物沙钱的幼虫会采用自我克隆的方法逃避危险，科学家们指出，这是首次发现动物会在遭受袭击时进行无性繁殖的现象，它将为无性繁殖和动物自卫方式的研究提供新的研究方向。科学家对沙钱幼虫进行了遭遇危险的试验。他们首先将4天大的沙钱幼虫放置于观察器皿中，接着将鱼类唾液加入器皿，当幼虫感到环境有变后立刻进行了自我克隆。克隆的形式有两种：直接将自己分成两部分，以及生出脱离母体的小芽。第二种克隆方法产生的小芽在脱离母体后会发育成一个新的幼虫。在接下来的试验中，科学家发现如果没有鱼的黏液，沙钱幼虫就不会进行无性繁殖。

当然，自我克隆也有不利的方面。科学家发现，自我克隆产生的幼虫大小是未经克隆的幼虫大小的三分之一，这些克隆出来的幼虫由于身体较小，自我保护也将会变得更加困难，但总的来说利大于弊。

最
长
腕
足
的
海
豆
芽

舌形贝的俗名是海豆芽，它有4.5亿年的历史，是世界上已发现生物中历史最长的腕足类海洋生物，生活在温带和热带海域，肉茎粗大，能在海底钻洞穴居住，肉茎可以在洞穴里自由伸缩。绝大部分时间在洞穴里，只靠外套膜上的三个管子和外界接触。

舌形贝呈壳舌形或长卵形，后缘尖缩，前缘平直。两壳凸度相似，大小近等，但腹壳略长。壳壁脆薄，几丁质和磷灰质交互成层。壳面具油脂光泽，饰以同心纹。肉茎特长，自两壳间伸出，深埋于潜穴中，并在腹壳假铰合面上留下一个三角形的凹沟，称为肉茎沟。外套膜边缘具刚毛，促使水由前方两侧进入腕腔，再由前方中央排出。小舌形贝两壳大小相等，长卵形至亚三角形，前缘圆。腹壳后缘比较尖

▲海豆芽

15

锐，有清晰的假铰合面和茎沟。背壳稍短。壳面具同心纹，有时呈断续的层状，或具放射纹。

2004年有报道，澄江化石库中最新发现的舌形贝型腕足动物——海口西山贝，经鉴定为一新属、新种。结论形态研究表明它们应属于圆货贝类，但可能的肌肉系统显示这类生物可能与神父贝类相关；结合形态特点和生态特征，认为这类生物并非可能穴居生活，而以肉茎固着海底、营滤食生活。它们的发现丰富了澄江化石库腕足动物的多样性，对于理解早寒武世腕足动物分异有重要意义。

包括现存和古代绝灭类型的一类腕足动物，最初见于寒武系，很可能起源于寒武纪以前。舌形贝类是无铰小腕足类，壳由几丁质组成。现生属（海豆芽属）见于正常的海洋环境，但在不适于大多数生物生活的多泥、缺氧的半咸水中更为普遍。小舌形贝属是寒武系的化石，外形和构造上都与现代海豆芽属类似。鳞舌形贝属（大致限于晚寒武世）外形不同于其他舌形贝类，形态更像泪滴。舌形贝类是提供环境信息的有用化石，对于地层对比作用不大，是寒武纪腕足动物群的重要成员。

古老的无脊椎动物——海百合

海百合是一种古老的无脊椎动物，在几亿年前，海洋里到处是它们的身影。海百合是一种始见于石炭纪的棘皮动物，生活于海里，具多条腕足，身体呈花状，表面有石灰质的壳，由于长得像植物，人们就给它们起了海百合这么个植物的名字。海百合的身体有一个像植物茎一样的柄，柄上端羽状的东西是它们的触手，也叫腕。这些触手就像蕨类的叶子一样迷惑着人们，以至于使得人们认为它们是植物。

海百合在古生代繁盛，现已衰退。大量绝灭种的石灰甲壳是重要的古生代标志化石。化石种类有5000多种。现存仅1个关节海百合目或称亚纲，约有610种。海百合常分为有柄海百合和无柄海百合两大类。有柄海百合以长长的柄固定在深海底，那里没有风浪，不需要坚固的固着物。柄上有一个花托，包含了

▲海百合

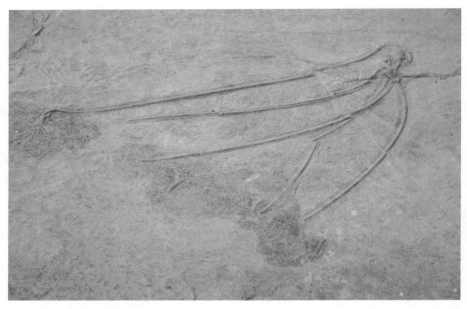

▲海百合化石

它所有的内部器官。海百合的口和肛门是朝上开的，这和其他棘皮动物有所不同。它那细细的腕从花托中伸出，腕由枝节构成，且能活动，侧面还有更小的枝节，好像羽毛。腕像风车一样迎着水流，捕捉海水中的小动物为食。无柄海百合没有长长的柄，而是长有几条小根或腕，口和消化管也位于花托状结构的中央，既可以浮动又可以固定在海底。浮动时腕收紧，停下来时就用腕固定在海藻或者海底的礁石上。腕的数量因海百合的种类而不同，最少的只有2条，最多的达到200多条。每条腕两侧都生有小分枝，状如羽毛。每条腕都有体条带沟，有分枝通到两侧的小枝上，沟的两侧是触手状管足，并有黏液分泌。海百合是典型的滤食者，捕食时将腕高高举起，浮游生物或其他悬浮有机物质被管足捕捉后送入步带沟，然后被包上黏液送入口。在古代，海百合的种类很多，有5000多种化石种，在地质学上有重要意义。有的石灰岩地层全部由海百合化石构成。

海百合一辈子扎根海底，不能行走。它们常遭鱼群蹂躏，一些被咬断茎秆，一些被吃掉花儿，落下悲惨的结局。在弱肉强食、竞争险恶的大海中，曾有一批批被咬断茎秆，仅留下花儿的海百合，大难不死存活下来。因为它们终归不是植物，茎秆在它们的生活中，并不是那么生死攸关。这种没柄的海百合，五彩缤纷，悠悠荡荡，四处漂流，被人称作"海中仙女"。生物学家给它另起美名——"羽星"。羽星体含毒素，许多鱼儿不敢碰它。可仍有一些不怕毒素的鱼，对它们毫不留情，狠下毒手。为了生存，它们只好大白天钻进石缝里躲藏起来，入夜才偷偷摸摸成群出洞，翩翩起舞。它们捕食的方法还是老样子——腕枝迎向水流，平展开来，像一张蜘蛛的捕虫网，守株待兔，专等送食上门。

海百合在死亡以后，这些钙质茎、萼很容易保存下来成为化石，由于海水的扰动，使这些茎和萼总是散乱地保存，失去了百合花似的美丽姿态。但如果它们恰好生活在特别平静的海底，死亡以后，它们的姿态就会完整地保存下来，成为化石。由于这种环境比较苛刻，所以这样的化石十分珍贵，不仅为地质历史时期的古环境研究提供了重要的证据，也逐渐成为化石收藏家的珍品，甚至被当作工艺品摆放。

海百合化石价值多少？北京自然国家博物馆考古专家称，海百合生长于4.5亿年前，比恐龙时代还要早2亿年，应该是史上最早的生物。海百合之所以具有较高的科研价值和考古价值，是因为海百合对其生存的环境要求极其苛刻，能成为完整化石存世的极其稀少，非常珍贵，更是一件巧夺天工的艺术品，形状酷似天然的荷花，栩栩如生。花朵越大的其晶体亮度越强，收藏价值越高。

　　据了解，世界上海百合化石主要集中于德国的阿尔卑斯山和中国，其中中国贵州出土的海百合化石较系统，多数集中在三叠纪时期，共有10余种。海百合纲是海百合亚门中发育较完善、演化发展最为成功的一个纲，从中生代起，中间几经兴衰，直到现代仍然繁盛不衰。它在从浅至深的水体中都可以生活，大多生活于400～500米的清洁水中。海百合喜欢群居，其根固着海底，构成所谓的海底花园。最原始的海百合出现于奥陶纪时期，距今约5亿年，而古生代早碳纪是海百合最鼎盛的时期。贵州境内海百合最早出现于奥陶纪早期，但由于保护不力，已没有完好的标本。贵州关岭和贞丰等地晚三叠纪地层中保存着完美而丰富的海百合化石，为我国和世界罕见，尤其是关岭地区的海百合化石不仅数量丰富，而且分布范围较广，具有较高的研究价值。

▼海洋鱼类

海洋鱼类之最

　　大千海洋，拥有无数奇鱼，引发诸多奇趣。人类对鱼类并不陌生。我们人类的祖先大都经历了渔猎为生的历史发展阶段。然而，由于种种条件限制，我们对一些鱼类，尤其是海洋深处的鱼类了解得并不多。海洋是鱼类的主要栖息地，从两极到赤道海域，从海岸到大洋，从表层到上千米深渊均有海洋鱼类的踪迹。生活环境的多样性，导致了海洋鱼类的多样性，但由于组织、结构、功能上相似，产生了一系列共同特点。

　　在蓝色海洋的生物圈中，生活着各种各样的动物，它们有的以体形的巨大而著称，有的以无限的精力而见长，有的以小巧玲珑而诱人，有的以悠游闲适而惑世，真可谓千奇百怪，趣味无穷。

牙齿最多的海中霸王——鲨鱼

鲨鱼，在古代叫作鲛、鲛鲨、沙鱼，是海洋中的庞然大物，所以号称"海中狼"。世界上约有380种鲨鱼，约有30种会主动攻击人，有7种可能会致人死亡，还有27种因为体形和习性的关系，具有危险性。说起鲨鱼，我们最熟知的可能就是鱼翅汤，鱼翅汤是鲨鱼的背鳍做的，而被割去了背鳍鲨鱼会因为失去平衡能力沉到海底饿死。

鲨鱼的体形不一，身长小至20厘米，大至18米。鲸鲨是海中最大的鲨鱼，长成后身长可达20米。虽然鲸鲨的体形庞大，但是它的牙齿在鲨鱼中却是最小的，只能以浮游生物为食。最小的鲨鱼是侏儒角鲨，小到可以放在手上。它长约6到8寸，重量还不到一磅。

鲨鱼除了具有人类的五种感觉器官，还有其他的器官。鲨鱼在海水中对气味特别敏感，尤其对血腥味。伤病的鱼类不规则地游弋所发出的低频率振动或者少量出血，都可以把它从远处招来。鲨鱼的嗅觉甚至能超过陆地上狗的嗅觉。1米长的鲨鱼，其鼻腔中密布嗅觉神经末梢的面积可达4842平方厘米，如5~7米长的噬人鲨，其灵敏的嗅觉可嗅到数千米外的受伤人和海洋动物的血腥味。它们还具有第六感——感电力，鲨鱼能借着这种能力察觉物体四周数尺的微弱电场。它们还可借着机械性的感受作用，感觉到6百尺外的鱼类或动物所造成的震动。

鲅鱼游泳时主要是靠身体，像蛇一样的运动并配合尾鳍像橹一样的摆动向前推进。稳定和控制主要是运用多少有些垂直的背鳍和水平调度的胸鳍。鲅鱼多数不能倒退，因此它很容易陷入像刺网这样的障碍中，而且一

▲鲅鱼

陷入就难以自拔。鲅鱼没有鳔，所以这类动物的比重主要由肝脏储藏的油脂量来确定。鲅鱼密度比水稍大，也就是说，如果它们不积极游动，就会沉到海底。它们游得很快，在水中，大白鲨可以以43千米的时速穿梭，但它们只能在短时间内保持高速。鲅鱼每侧有5～7个鳃裂，在游动时海水通过半开的口吸入，从鳃裂流出进行气体交换。

令人惊讶的是鲅鱼的牙齿不是像海洋里其他动物那样恒固的一排，而是同时具有5～6排，最外排的牙齿才能真正起到牙齿的功能，其余几排都是"仰卧"着为备用，就好像屋顶上的瓦片一样彼此覆盖着，一旦最外一层的牙齿发生脱落，里面一排的牙齿马上就会向前面移动，用来补足脱落牙齿的空穴位置。同时，鲅鱼在生长过程中较大的牙齿还要不断取代小牙齿。因此，鲅鱼在一生中常常要更换数以万计的牙齿。据统计，一条鲅鱼，在10年以内竟要换掉2万余颗牙齿。鲅鱼的牙齿有几百颗，可以移动，因此鲅鱼不用担心牙齿不够用，因而具有很大的攻击力。大白鲨是目前为止海洋里最厉害的鲅鱼，以强大的牙齿称雄。它的牙齿不仅强劲而有

▲鲨鱼

力，而且锋利无比。

鲨鱼以受伤的海洋哺乳类、鱼类和腐肉为生，剔除动物中较弱的成员。鲨鱼也会吃船上抛下的垃圾和其他废弃物。此外，有些鲨鱼也会猎食各种海洋哺乳类、鱼类、海龟和螃蟹等动物。有些鲨鱼能几个月不进食，大白鲨就是其中一种。

鲨鱼的种类很多，世界海洋能分辨出的鲨鱼种类至少有344种，主要有白鲨目、虎鲨目、角鲨目、锯鲨目、扁鲨目、须鲨目等目。

鲨鱼和多数动物一样，鲨鱼是有性繁殖。鲨鱼的交配行为非常复杂，不同种类的雄性和雌性鲨鱼在交配前的例行程序也有很大的分别。结伴同游，撕咬和颜色变化等行为模式是共有的。姥鲨等种类的鲨鱼采用复杂的成群环游的行为，而完成受精之后，这一种鲨鱼的受精卵就会以下列三种方式中的某一种继续发育：卵生，卵生鲨鱼产下带有厚厚的卵鞘的卵，使它们能够附着在岩石或者海藻上，并抵抗捕食者。卵胎生，此类鲨鱼也养护体内的胚胎，然后产出活的幼仔，但它们不能向它们的后代提供任何直接的营养。胎生，外包角质壳的受精卵于子宫中发育，成长所需的营养由卵黄囊胎盘供给，它们在雌性鲨鱼的子宫内通过胎盘或一种称为子宫液的分泌物吸取营养物质，直到幼鲨几乎完全成形才产出，每次产数十尾。

最高的深海统治者——大王乌贼

大王乌贼，别称大王鱿、统治者乌贼、大乌贼，通常栖息在深海地区，主要产于北大西洋和北太平洋。身长10～13米，重2～3吨，一般幼年的大王乌贼体长3～5米，成年的大王乌贼可长达17～18米，是目前已知最大型的软体动物和无脊椎动物之一。

大王乌贼的眼睛大得惊人，直径达35厘米左右，吸盘的直径也在8厘米以上。大王乌贼生活在深海，以鱼类为食，能在漆黑的海水中捕捉到猎物。它经常要和潜入深海觅食的抹香鲸进行殊死搏斗，抹香鲸经常

▲大王乌贼

被弄得伤痕累累，不过在抹香鲸的胃里曾发现过大王乌贼的残迹。人们还没有见到过待在栖息地的大王乌贼，人们只能通过死亡或受伤后漂浮到海面或被海水冲到岸边的那些大王乌贼了解到这类动物的一些信息。

大王乌贼的性情极为凶猛，以鱼类和无脊椎动物为食，并能与巨鲸搏斗。在国外人们曾目睹一只大王乌贼用它粗壮的触手和吸盘死死缠住抹香鲸，抹香鲸则拼出全身力气咬住大王乌贼的尾部。两个海中巨兽猛烈翻滚，搅得浊浪冲天，后来又双双沉入水底，这种搏斗的结果多半是抹香鲸获胜，但也有过大王乌贼用触手钳住鲸的鼻孔，令鲸窒息而死的情况。

大王乌贼的主要武器是它的十只"手臂"，上面长满了圆形吸盘，吸盘边缘上有一圈小型锯齿，它可以把抹香鲸的肉吸出来，从而在抹香鲸身上留下很多圆形伤疤。人们曾测量一只身长17.07米大王乌贼，其触手上的吸盘直径为9.5厘米。但从捕获的抹香鲸身上，曾发现过直径达40厘米以上的吸盘疤痕。由此推测，与这条鲸搏斗过的大王乌贼可能身长达60米以上。如果真有这么大的大王乌贼，那也就同传说中的挪威海怪相差不远了。但这样大的吸盘疤痕也可能是抹香鲸小的时候留下，后来随抹香鲸长大而变大的，所以不能确定有这样巨大的乌贼。

最大的大王乌贼有多大？目前最大的大王乌贼的记录是从尾到其最长的两条触手顶端的长度是18.5米，重量有997千克，和一条中等偏下的大白鲨的大小差不多。深海中的大王乌贼的绝大部分个体都是三五百千克，即便是1吨以上的数量都很稀少。另外就是，因为抹香鲸下潜一般在2500～4000英尺，所以估计在2000米以上的水域没有更大型的大王乌贼，而在2500米以下的极深水域可能生活着体形更为巨大的大王乌贼。不过目前尚无科学依据证实这一猜测。

热带观赏鱼之帝——七彩神仙

七彩神仙鱼别名铁饼、七彩燕，主要分布于西太平洋珊瑚礁海域、大西洋西部海域、红海珊瑚礁海域。七彩神仙鱼以圆满独特的形体、丰富烂漫的花纹、闪烁变幻的色彩、高雅的泳姿，令鱼迷们倾倒，被冠为"热带观赏鱼之帝"。七彩神仙鱼体长20厘米，近圆形，侧扁，尾柄极短，背、臀鳍对称。体呈艳蓝色、深绿色、棕褐色，从鳃盖到尾柄，分布着8条间距相等的棕红色横条纹。体色受光照影响产生变幻，光暗时体色深暗；光线明亮，则色彩艳丽丰富，条纹满身。远观头、体和鳍难以分辨，酷似田径场上的铁饼，故英文名为"铁饼"。

七彩神仙鱼在体色上有红、绿、蓝绿、蓝之分；在花纹上，全身主要纵条纹的比例，占75%以上者归入松石类；在体形上，有宽鳍型体仍为圆盘形，还有

▲七彩神仙

27

高身型和高身宽鳍型两种。其名称也因地区习惯不同而有不同叫法，如红松石、蓝松石、钴蓝、松石、一片蓝、发光大饼及大饼子等。七彩神仙鱼属高温高氧鱼，对水质和饵料要求苛刻，要求弱酸性软水，在弱碱性水中难以存活。要求水质稳定、洁净，含氧量丰富，光照适宜，年水温保持在26～30℃。

七彩神仙鱼是五彩神仙鱼的变种，原来野生种稀少，后经人们不断地进行选育杂交，已由原有的4种变异成许多新的品种。七彩神仙鱼的人工改良，重要贡献来自于欧美以及东南亚的两个地区。七彩神仙鱼的普及是从皇冠七彩才开始，也就是说，增多且布满于全身的条纹，以及在此条纹上极为增强而鲜艳化了的蓝色色彩，转瞬间，开始魅惑观赏鱼迷，就这样从20世纪70年代后期跃升为热带鱼界的主流鱼种，到了20世纪80年代，欧美的蓝绿色松石七彩登场之后就迎接了"非七彩神仙则非热带鱼"的顶峰期。

美国松石七彩，以欧美地区来说，据说早于1935年，有位美国人在鱼缸内，偶然因加温器故障使得水温下降而繁殖出了棕五彩，此后也传说有另一位美国人改良而固定出了浅蓝色七彩，但以固定品种最初问世的却是美籍杰克·瓦特里先生的松石（蓝绿）七彩。 这是1968年的事情，此鱼是经过杰克·瓦特里1963年以及1965年两次亲自冒险到亚马孙河精选最优良野生种鱼改良固定出来的。1980年此鱼首次问世时，展现出的蓝色极为深厚且鲜艳，而与以往的所有七彩神仙鱼全然不同，极为美丽，所以马上激起了饲养七彩神仙鱼的大热潮。

德国松石七彩以瓦特里蓝松石七彩（威利蓝）的卖座为契机，在其前后时期，也就是自1963年就改良固定的德产七彩也加入问世行列，更为助长了热潮。这些德产七彩神仙，开始的时候被总称为德国松石。为了改善这些形态的七彩神仙，以史密特·霍克医师为首的德国七彩大师们，经过千辛万苦、经年累月工作之后，终于改良固定而创作了闪光蓝松石、一片蓝松石以及红松石七彩。

七彩神仙的主要食饵一般分为四类：牛心汉堡饵料、活饵（红鱼虫）、冷冻饵料、干燥饵料。下面就以上四类食饵作一简单介绍，仅供参考：牛心汉堡食饵：营养价值高，能很好地促进鱼的生长，但对水质污染较严重，工作且和管理难度大。活饵：鱼儿最为喜食，但容易携带虫卵、细菌，使鱼儿生病。冷冻食饵：营养价值高，但不易保存，容易变质。干燥食饵：营养价值高，利于保管保存，但价格高，长期喂食，会使鱼厌食。饲养场多采用汉堡和活饵，一般水族箱多采用冷冻血虫和干燥饵料。饲料是如何养出一只巨大七彩最重要的一点。

养法的好坏取决于经验、方法、勤劳等三要素，喂食方法会影响水质变化，每次喂食应该在短时间内让鱼吃完，以免剩余饲料腐坏影响水质。投喂次数则是小鱼少量多餐；中鱼4~5餐；大鱼3餐即可。换水次数则因人而异，视水质变化来决定，基本上1~3天换一次，最长不可超过一星期，每次换水可换1/3或1/2，视个人养水缸为基准，并且注意pH值与水温落差不可太大，以免鱼只无法适应造成鱼只缩鳍、变黑。

依据已故世界七彩大师史密特医生的经验，自仔鱼有能力游近种亲，以种亲的"神秘乳汁"为主食后的第五天起即可抽离母身，并喂以人工孵化的无节幼虫。此时需要2~3小时就喂一次，虽然可把时间拖长，但相对地会影响仔鱼的成长，所以每天最少要喂食仔鱼4次以上，且喂食后一个小时内能换水50%以上。时间必须持续到仔鱼成长为宜，之后再辅以切碎的汉堡，同样地，一天最少四餐，换水可改成一天两次80%以上为宜。此

▲七彩神仙鱼

种方式最好能持续到仔鱼成长到2吋左右。在养仔鱼时最好使用1尺或半尺的小鱼缸，如果是用2尺缸，那水位最好是降到一半以下，让仔鱼有较多的机会去吃到无节幼虫。

如何孵化无节幼虫：首先制作简易丰年虾孵化器，制作方式为保特瓶的底座切除左右各打一个洞，以便悬吊，再将瓶盖打孔以便将风管插入打气，再置入盐度10‰～20‰的盐水或海水，依每升2克的虾卵比例，倒入保特瓶中，再施予强力打气让水呈翻滚状，如此24～36小时即可孵化出无节幼虫。收集时停止打气，并在底部打聚光照明。由于重力及趋旋光性，无节幼虫会聚于底部，而卵壳则会浮于水面。此时另取一风管伸至底部用虹吸方式将无节幼虫吸出，并经较细密约150目的纱布滤出，如此便完成孵化与采收工作。须注意一点如果不想让仔鱼吃到卵壳或未孵出的虾卵造成消化不良，可将滤出的无节幼虫置入清水容器，由于比重较轻，虾卵会沉入底部，无节幼虫会漂浮于水中，此时再次用风管吸出无节幼虫，再用细纱布过滤，即可取出喂食仔鱼。

一般七彩疾病分为体内寄生虫及体外寄生虫、细菌性感染，而最常见的体外病就是鳃病，就像我们人类常发生的感冒一样。偶尔病发而要治鳃虫较常见的是使用福尔马林，但是福尔马林的使用较难斟酌，用量恰当可以治愈，用量不当则可能造成鱼只死亡！

天使鱼又称燕鱼、小鳍帆鱼、神仙鱼等，属于丽鱼科天使鱼属，是一种有较高观赏价值的热带鱼，有"观赏鱼皇后"的美称。天使鱼是丽鱼的一种，可说是热带鱼的代表鱼种。这种鱼的背鳍和腹鳍很长，极像天使展开的翅膀。它的原产地为南美的亚马孙河，现在在其他地方已很容易看到，但在原产地反而不容易看到了。因为它可以适应不同的水温，所以是比较好养的一种热带鱼，即使是初学者也能养得很好。尽管天使鱼和蝶鱼在外表上极为相像，还是有最明显的分辨方法，那就是：天使鱼的鳃盖上有棘刺，而蝶鱼则没有。大致上来说，天使鱼体形较厚，身体比较不像卵形。

天使鱼的品种大都出现在3～26米深的海域中，也有品种生活在深度不到1米的海域中。自然的分布地点对此属的某些品种是有相当限制的，阿拉伯神仙和黄圈神仙只在太平洋东岸的固定海域发现，这种有特定且狭窄分布区域的品种，对天使鱼来说，是典型的例子。

许多天使鱼的品种分布区域广泛，遍及太平洋及印度洋，包括新几内亚、马来西亚、印尼、非洲东岸、大堡礁、澳洲西部、所罗门群岛、新喀里多尼亚、菲律宾群岛、塞舌尔群岛，以及红海海域。

所有天使鱼都要求有较优良的水质状况，为了维

热带观赏鱼皇后——天使鱼

持它们的健康，这是不可缺的因素。水必须充分过滤，任何有毒的物质，如氨、亚硝酸盐以及硝酸都必须监控，如果需要，必须调整到适合的等级。即使是水的纯净度也和它是否濒于危险有所关系。天使鱼不适合饲养海水鱼的生手来饲养，适合那些比较熟悉海水水族箱管理的老手，以及曾经成功饲育过较困难鱼种的爱好者。

大部分的天使鱼都是杂食性的，可喂食各种小动物、藻类、海绵动物及珊瑚。体形最娇小的刺尻鱼属很少会去伤害珊瑚及海绵，但大型的盖刺鱼却几乎以海绵动物及珊瑚为食。在刚开始的适应阶段，这些品种的成鱼会非常不情愿地接受饲养者所喂饲的普通食物，应该喂予天使鱼各式各样的食饵，包括活的及冷冻的丰年虾、糠虾、冷冻的乌贼、贻贝、明虾以及以海绵动物为主的食物，最好还有些藻类。

天使鱼就像散开成横队的骑兵一样，绝大部分的时间都在啮咬一小片一小片的食物。以这种摄食方式来看，我们认为"喂食少一点但次数多一点"是合理的，一天喂个10～15次的饵量会比过度放任给它们一餐吃个够还来得好。然而，我们还是必须考虑它们是生活在一个监禁的水族箱中，最好一天喂4次或少于4次，从每一次过多丰盛食物的喂食来提供它们去啮咬一小片一小片的食饵，直到下一餐的来临。不过还是应限制过度喂食，以免水质恶化。

天使鱼属于慈鲷科鱼类颇具代表性的鱼种。慈鲷科鱼类具有一个特性，就是在繁殖时若非情投意合自然配对绝不生育下一代，而且就如其名称，它们具有照顾下一代的天性。然而生殖时极惧惊扰，若是在配对繁殖时遭到打扰，会发生吃掉自己的卵或小鱼的悲剧，所以，在繁殖慈鲷科鱼类时不受外力干扰的环境对它们而言极为重要。

　　想要繁殖天使鱼，第一件工作就是挑选自然配对的亲鱼。若非它们自己情投意合自然配对，而以人为的方式硬将两条鱼"送一作堆"，非但它们难如人愿地生育下一代，而且可能会发生"一看两相厌"而互相追杀的状况。情侣鱼的挑选必须花费一些时间，可在一个鱼缸中同时饲养数条雌鱼及雄鱼，并且随时注意它们的行为；若发现有两条鱼经常成对地游泳，并且划出属于它们的势力范围，有其他鱼靠近或闯入其势力范围时会合力将外来鱼赶走时，大概就可以断定这两条鱼已自己配对完成，可作为繁殖使用的情侣鱼了。在确定两条天使鱼配对完成之后，就可将它们移到独立的繁殖槽中，或是将其他未配对的鱼移走，以避免"小两口儿"的"新婚情绪"被其他鱼打扰，影响它们生育下一代的情绪。

　　雌鱼要产卵时，准备作为产卵用的水槽中应设置产卵筒，其作用是让亲鱼能将卵产于其上。市面上有出售产卵筒的，亦可利用硬塑胶管、花

▼天使鱼

盆等来代替，或是种一株叶片大的水草，都可以用作产卵器。若不设置产卵筒，它们将会把卵黏附在鱼缸的缸壁上。亲鱼在生产前会在它们所选定的产卵处作清扫的工作，用口将产卵筒上的污秽物清除掉。仔细观察种鱼的外观，若发现它们的生殖孔向外突出，就是将要生产的前兆，二三天之内就会生产。产卵时母鱼会先将卵一粒粒黏附在产卵筒上，随后雄鱼在卵上排放精液，完成授精的工作。然后亲鱼会守在受精卵附近，合力照顾受精卵。它们会以胸鳍及尾鳍在受精卵附近带动水流，以使受精卵附近的水流时时更新及带有氧气，遇有白化的死卵或病卵它们亦会自己将之挑去。每次产卵数量三四百粒至一千粒，视亲鱼体形及健康状况而定。受精卵经2～3日即可孵化，刚孵化的小鱼腹部带有卵黄囊以提供小鱼最初的营养，而且，游泳能力还很差。此时亲鱼全力守护着小鱼，偶有离群或落下的小

▼天使鱼

鱼亲鱼会用口含着将之送回原位。待小鱼的卵黄囊渐渐消化，而且开口能摄食时（约孵化后一周左右），即可投喂丰年虾、无节幼虫或是其他浮游生物作为初期饵料。须特别注意一点，如前面所说，亲鱼在看顾受精卵及小鱼时严禁外力干扰！若一旦遭受打扰刺激，亲鱼可能会将自己的受精卵或小鱼吃掉，而造成此次繁殖前功尽弃。而且食卵或食子的亲鱼将难再作繁殖，因为它们会一再地吃掉自己的受精卵或小鱼，而失去繁殖上的价值。

鱼在孵化一周左右就可以开始投喂浮游生物饵料了，此时应随时注意水质变化及充足氧气之供应，并给予适量（少量多餐）的饵料。小鱼以浮游生物喂养一个月左右，就具有一般天使鱼成鱼的外型了，并且可以慢慢更换它们的食饵，改换为成鱼吃的饵料。如此细心照顾饲养5~6个月，小鱼就能够长大成熟了。

为了防止亲鱼受刺激而吃掉受精卵或小鱼，亦可在卵受精之后立即将亲鱼移开。所取得的受精卵应以甲基蓝或孔雀石绿等药物略作消毒，以防止水霉菌或其他病菌滋生。消毒后的受精卵应置于含氧量高、水质清净的孵化槽中孵育，亦可给予微量水流。并随时注意挑去白化的死卵或是长水霉的病卵，以避免影响其他健康的受精卵。

天使鱼不同于其他热带鱼，其对孵化条件要求较为严格。水温、pH值、硬度、消毒剂、充气状况等指标不适都可能导致整个过程失败。笔者通过多次试验得出如下参数指标：水温28~30℃，pH6.7~7.0，硬度7~9；消毒剂可以是1%~2%的食盐溶液或0.3~0.7毫克/升孔雀石绿全池泼洒。消毒剂量过低则极易感染水霉而导致大量出现死卵甚至全部死亡，消毒剂量过高则会使幼鱼畸形。

体态最锋利的眼镜鱼

眼镜鱼主要栖息于较深的水域，有时会游到沿岸水域觅食，甚至发现于河口区。这种鱼属肉食性鱼类，以动物性浮游生物或底栖生物为食，喜追逐发亮的东西，有趋旋光性。分布于印度洋—西太平洋热带及亚热带海域。

眼镜鱼体高而特别侧扁，薄而高，形如眼镜片，故称眼镜鱼。又因为它体略呈三角形，高而极度侧扁似刀，故有"皮刀"之称。眼镜鱼一般体长10~20厘米，体重75~200克。体辐近三角形，背部较平直而腹部弯度特别大，腹缘薄而锐利。体腹部轮廓弯度较大，腹缘凸而薄，背侧微弯。鳞片微小，手能触到而看不见。口小，几呈垂直状，能伸缩，向上倾斜如管状。臀鳍位低，基底长，成鱼多数埋于皮下。尾柄短而侧扁。尾鳍深叉形，上、下叶同长。腹鳍细小，但其中有两根特延长。体上部深蓝色，下部银白色，胸鳍浅黄色。两侧在侧线上下各有2~3列小于眼径的黑色圆斑。上颌骨末端仅延伸至眼前下方。鳃裂大，鳃膜互不相连，且与峡部游离。头、胸鳍及尾鳍均在身体的上半部。背鳍单一，不具硬棘，前方鳍条较长且不分叉；臀鳍亦不具硬棘，且软条被包在皮下，仅外端外露；腹鳍长，位于腹缘，成鱼第一鳍条延长为丝状；尾鳍深分叉。体呈银白色，背部偏蓝，上有许多蓝色点散布。各鳍色淡。

▲深海鱼群

　　眼睛鱼的泪骨特大，其余的眶下骨为极薄的小骨片。犁骨无齿。翼耳骨发达，较长。有上颞窝。上枕嵴特别发达。前上颌骨无齿，上颌骨较大，厚实，腭骨有齿，角舌骨有长裂孔。1～2鳃弓的咽鳃骨无齿，3～4鳃弓的咽鳃骨瓜仁状，具小齿。下咽骨"S"形，腹侧面具小齿。后匙骨剑形，颇长，腰带骨特异，颇大，左右合一。

　　眼镜鱼分布于印度洋和西太平洋热带及亚热带海域，中国产于南海和东海，以南海产量较多。海南、广东沿海渔期在4～7月份。

　　眼镜鱼可食用，肉少但味美。可由沿岸的定置网所捕获，另外巾着网、拖网亦常大量捕获。可当近海延绳钓的活饵，或制成鱼粉。眼镜鱼产量较大，具有一定的经济价值。其肉质近似鲳鱼，家庭多以清蒸，挂蛋糊油炸食之为宜。

　　眼镜鱼含有不饱和脂肪酸，这种物质可以有效分解人体内多余的胆固醇，无鳞的眼镜鱼不饱和脂肪酸含量会低一些，而胆固醇含量比较高。深海鱼，特别是有鳞的鱼一般不饱和脂肪酸含量比较高，所以老年人，特别是心脑血管不好的人，特别适合吃有鳞的鱼。对于健康的人来说，差别不是很大。鱼类一般比肉类含脂肪少，它含有的脂肪里有一种对健康更为有利的脂酸成分。丰富的脂酸使眼镜鱼成了预防心血管疾病的推荐食品。 眼镜鱼同样含有丰富的矿物质，尤其含碘和磷。鱼（尤其含脂多的）能提供丰富的溶脂维生素，其中维生素D对钙的代谢起着重要作用。眼镜鱼是一种将美味、易消化以及高营养价值结合起来的食品。由于它容易进食，所以很受孩子们以及一些有牙病的老年人的欢迎。

抹香鲸是世界上最大的齿鲸。它们在所有鲸类中潜得最深、最久，因此号称动物王国中的"潜水冠军"。可能只有喙鲸科的两种瓶鼻鲸在潜水方面能与之比拟。除了过去被视为头号目标的捕鲸时期以外，抹香鲸可能是大型鲸中数量最多的一种。

抹香鲸属于齿鲸亚目抹香鲸科，是齿鲸亚目中体形最大的一种，雄性最大体长达23米，雌性长17米，体呈圆锥形，上颌齐钝，远远超过下颌。由于其头部特别巨大，故又有"巨头鲸"之称。身体粗短，行动缓慢笨拙，易于捕杀，故现存量由原来的85万头下降到20万头。抹香鲸的长相十分怪，头重尾轻，宛如巨大的蝌蚪，庞大的头部占体长的1/4 ~ 1/3，整个头部仿佛是一个大箱子。它的鼻子也十分奇特，只有左鼻孔畅通，而且位于左前上方，右鼻孔堵塞，所以它呼吸的雾柱是以45°角向左前方喷出的。它的身体的背面为暗黑色，腹面为银灰或白色。上颌和吻部呈方桶形，下颌较细而薄，前窄后宽，与上颌极不相称。有20 ~ 28对圆锥形的狭长大齿，每枚齿的直径可达10厘米，长20多厘米。喷水孔在头部前端左侧，只与左鼻孔通连，右鼻孔阻塞，但与肺相通，可作为空气储存箱使用。无背鳍，鳍肢较短。尾鳍宽大，宽360 ~ 450厘米。

抹香鲸分布于全世界各大海洋中，在中国见于黄

▲抹香鲸骨架

海、东海、南海和台湾海域，主要活动在热带和温带海域，通常在南北纬40°之间。它们常以 5 ~ 20 头结群游荡，以雄多雌少组成群体，一般游速为每小时2.5 ~ 3 海里，受惊时可达7 ~ 12海里。

抹香鲸这种头重尾轻的体形极适宜潜水，抹香鲸常因追猎巨乌贼而"屏气潜水"长达1.5小时，可潜到2200米的深海，故它是哺乳动物中的潜水冠军。

三级结构肌红蛋白是抹香鲸在深海生存的必要条件，抹香鲸主食大型乌贼、章鱼、鱼类，而乌贼、章鱼主要吃虾、蟹等甲壳类动物和鱼类。根据2008年荷兰莱顿大学的科学家弗朗西斯科·布达教授和他的实验小组成员，通过精确的量子计算手段发现熟透的虾、蟹等呈现出诱人的鲜红色的原因，是因为虾、蟹等都富含虾青素，熟透的虾、蟹等的天然红色物质就是虾青素。抹香鲸与大王乌贼拼得你死我活，其本质就是互相争夺对方的虾青素资源，以利于自己能够在深海中长期生存下去。

在繁殖方式上，抹香鲸为一雄多雌，小抹香鲸出生后，一般在10岁左右开始成熟。抹香鲸喜欢结群活动，常结成5～10头的小群，有时也结成几百头的大群。它们在海上有时互相玩耍，但性情与蓝鲸、座头鲸截然不同，十分凶猛、厉害，其他动物一旦被它咬住就很难逃脱。抹香鲸虽有强大牙齿，但并不完全靠牙齿咀嚼食物。

抹香鲸把巨乌贼一口吞下，但消化不了乌贼的鹦嘴。这时候，抹香鲸的大肠末端或直肠始端由于受到刺激，引起病变而产生一种灰色或微黑色的分泌物，这些分泌物逐渐在小肠里形成一种黏稠的深色物质，呈块状，重100～1000克，也曾有420千克的。其最大直径为165厘米，这种物质即为"龙涎香"。它储存在抹香鲸的结肠和直肠内，刚取出时臭味难闻，干燥后呈琥珀色，带甜酸味。龙涎香本身无多大香味，但燃烧时却香气四溢，酷似麝香，又比麝香幽远，被它熏过的东西，芳香持久不散。龙涎香内含25%的龙涎素，是珍贵香料的原料，是使香水保持芬芳的最好物质，用于香水固定剂。同时龙涎香也是名贵的中药，有化痰、散结、利气、活血的功效。偶尔得到重50～100千克的一块，便会价值连城，抹香鲸由此而得名。因此经常遭捕杀，现数量稀少，是濒危野生物种。

抹香鲸巨大的头部骨腔内含有大量鲸脑油（无色透明液体），经压榨结晶成为白色无臭体，称鲸蜡，是很好的工业原料，可制蜡烛、肥皂、医药和化妆品，亦可提炼高级润滑油。抹香鲸肉味鲜美，近似牛肉，可鲜食或制成各类罐头；皮坚韧可作制革原料；体油、脑油和龙涎香是其身上的三大宝物，具有很高的经济价值。

　　第二次世界大战期间，一艘美国军舰在夜间行驶时，忽然舰身强烈地震动起来，不少官兵以为触礁或是碰上了水雷，于是纷纷行动，准备跳水逃命。经过检查，才发现军舰撞上了一头正在酣睡的抹香鲸。中国古籍《广异记》记载："开元末，雷州有雷公与鲸斗，身出水上，雷公数十，在空中上下，或纵火、或电击，七日方罢。海边居民往看，不知二者何胜，但见海水正赤。"据估计，这里所描述的正是抹香鲸与大王乌贼搏斗的一个激烈场面，不过文中显然过于夸大其词。1978年4月8日在山东胶南县搁浅一头雄性抹香鲸，长14米，重22吨，初步鉴定为7岁。鲸由中科院青岛海洋研究所制成标本，现展于青岛海产博物馆，它吸引了众多游客，令人流连忘返。该鲸的骨骼系统也于1995年5月架起来并对观众展出，这是我国最完整的齿鲸骨骼系统，它向人们说明：鲸，在漫长的历史征程中，由陆地进入海洋的事实。2008年初，一头重达48吨的抹香鲸在威海荣成搁浅，死亡，后经过几个月的时间制作成骨架标本和皮肤标本，现在刘公岛鲸馆展出，同时展出的还有龙涎香。这是亚洲目前搁浅的最大重量的抹香鲸之一。

黑露脊鲸别名瘤头鲸，属于鲸目露脊鲸科。黑露脊鲸身体的颜色为蓝黑色或黑色，体长为17米左右，体重为47~69吨。它的体躯肥大，头部具有形状奇特的角质瘤，俗称"帽子"，其形状不规则，是由表皮异常增生而形成的，最大的瘤位于上颌的前端，次大的位于下颌前端的两侧以及喷气孔之后。下颌的两侧各有一列如同拳头大小的瘤状突起，每个突起上面都生有一根感觉毛，所以黑露脊鲸有"瘤头鲸"之称。下唇的上缘凹凸不平。舌小而厚，略呈蓝灰色。头部的长度为体长的1／4左右，须板细长，每侧大约有250枚。体长17.1米的，须长为2.9米，须毛粗糙。没有褶沟。没有背鳍。鳍肢宽大，具5指，尾鳍也比较宽，宽度约为体长的35％，尾鳍、鳍肢都很柔软。肋骨有14~15对。下颌的前端以及尾柄部位都没有白色区，但腹部脐的周围常有不规则的白斑。鲸须呈带橄榄色的黑色。头骨的上颌骨、间颌骨前伸呈拱形。消化道中没有盲肠。

黑露脊鲸通常单独或2~3头一起游泳，并接近海湾和岛屿周围，游泳速度很慢，呼气时喷起的雾柱呈两支，高4~6米，大潜水时把尾鳍举出水面。母鲸对仔鲸有强烈眷恋情感。北太平洋个体性成熟体长雄鲸长14~15米，雌鲸长13~15米。它的生殖间隔2~3年，妊娠期10~12个月，每产1胎，初生仔鲸体长4.5~6米，哺乳

最爱戴『帽子』的黑露脊鲸

期6~7个月，离乳时体长约10米。它的食物主要为磷虾等。

　　黑露脊鲸分布于太平洋、大西洋等海域，在中国见于南海、东海和黄海，已知的分布地点有位于黄海的大连海洋岛和台湾海域等。在北半球，黑露脊鲸每年冬季游到南方去生殖，到了夏季又游到北方去索饵。南下时，有的经过鄂霍次克海、日本海进入中国的黄海、东海等海域，还有的南下到台湾海域和南海海域，夏季则离开中国海域北上。

　　黑露脊鲸在海水中游泳的速度较为缓慢，洄游的时速一般为2~3海里，就是在逃跑时也仅有5海里左右。它游泳时通常每分钟呼吸2~3次，呼气时在两个喷气孔中各喷出一条高度为4~8米的雾状水柱，下落时形状如同雨伞，又好像是天女散花一般。经过数次较浅的潜水后，它就会有一次持续10~20分钟的深潜水，但深度不超过50米。其食性很窄，几乎只限于桡足类的小型浮游甲壳动物和小型软体动物，主要有蜇镖蚤类、长腹剑蚤类和桶状蚤类等。摄食的时候它会张开大嘴，将海水连同食物一起吞入口中，然后将嘴微闭，用舌将海水从长须之间挤压出去，滤下的食物再用舌卷而食之。因为它的咽部的宽度只有6~7厘米，所以吞入口中的大型鱼类就不能咽进腹内，只好再吐出来。

　　黑露脊鲸通常在2~4月交配，雌兽的怀孕期大约为12个月，每胎仅产1仔。初生的幼仔体长为5~6米，体色为灰蓝色，随着生长体色逐渐加深。黑露脊鲸在分类学上隶属于鲸目露脊鲸科真露脊鲸属。它的经济价值很高，其英文名称原意就是"适合于捕杀的鲸"，由于它行动缓慢，性情温顺，所以较容易被捕获，是最早被猎捕的鲸类之一，常被大量杀戮。现在黑露脊鲸的数量已经很少，在北半球的北大西洋里估计仅有100只左右，北太平洋数量略多，但也不足1000只，南半球的数量就更少了。

黑露脊鲸浑身是宝，它的肉可食用，鲸须、鲸骨可做高档装饰品，鲸脂可做护肤品和润滑剂，一头成年黑露脊鲸可取下90桶鲸脂和540鲸须。杀死一头黑露脊鲸至少能收回一条大型机帆船出海一个月的成本。因此，人类不惜一切代价对其进行捕杀。人类对黑露脊鲸大开杀戒是在19世纪末，捕鲸成为当时西方一项时髦而蕴含暴利的职业。不到20年，数百万头黑露脊鲸就只剩下几千头。20世纪60年代，商业捕鲸的恶潮泛滥，不到两年，几千头中只幸存几百头，黑露脊鲸一下子到了灭绝的边缘。历经近半个世纪的努力，人类建立健全了相关的国际组织和保护法规，本指望黑露脊鲸能够很快休养生息，"鲸丁兴旺"，可遗憾的是，它们的数量迟迟不见恢复，使人们既沮丧又奇怪。

原来，黑露脊鲸的繁殖能力本来就很低。雌鲸直到10岁才进入生殖

▼黑露脊鲸

期，怀孕的时间是一年，每次只产一仔，生育间隔是3～4年。幼鲸出生时虽说体长5米、重达1吨，但仍需母亲哺乳照料一年多时间。即使这样，它们的夭折率仍高达37%。观察发现，在黑露脊鲸发生意外的海域是美国港口最繁忙的航道，笨拙的黑露脊鲸无法躲闪锋利的螺旋桨，尤其是大吨位军舰的螺旋桨，掠过几十吨重的鲸就像削瓜切菜一样。此外还有渔民布下的渔网及军方进行的实战演习，都是露脊鲸的。去年乔治亚州和佛罗里达州附近海域的一次海军陆战队的实战演习，动用了127毫米的大口径火炮和225千克重的炸弹。演习过后，一头3个月大的小露脊鲸就气绝身亡地浮出海面……

美国海洋及大气管理局的国家海洋渔业服务机构也制定了周密的防范措施，他们购置了设备先进的监测船只和快艇，对海上作业的渔船随时发出鲸群移动的警告，希望将对黑露脊鲸的意外伤害降到最低。联邦政府也追加了对黑露脊鲸研究的预算，由22万美元增至85万美元。所以，黑露脊鲸数量的缓慢回升是意料之中的事。值得注意的是，一些间接的人为因素对黑露脊鲸的伤害是难以控制的，例如黑露脊鲸的基本食物——磷虾是海洋污染的主要受害者，所以，黑露脊鲸在储存大量脂肪的同时也储存了大量的有害物质，这直接影响到它们自己和下一代的健康。还有，因数量有限，近亲繁殖也是它们缺少活力并容易罹患各种疾病的主要原因。在海洋生物学家找到新线索之前，尽量增加它们的种群数量，使它们免遭灭绝的厄运就是对露脊鲸最有效的拯救方法。

最具飞行能力的飞鱼

飞鱼长相奇特，胸鳍特别发达，像鸟类的翅膀一样。长长的胸鳍一直延伸到尾部，整个身体像织布的"长梭"。它凭借自己流线型的优美体型，在海中以每秒10米的速度高速运动。它能够跃出水面十几米，空中停留的最长时间是40多秒，飞行的最远距离有400多米。飞鱼的背部颜色和海水接近，它经常在海水表面活动。蓝色的海面上，飞鱼时隐时现，破浪前进的情景十分壮观，是南海一道亮丽的风景线。

飞鱼广布于全世界的温暖水域，以能飞而著名。体形皆小，最大约长45厘米，具翼状硬鳍和不对称的叉状尾部。有些种类具双翼，仅胸鳍较大，如分布广泛的翱翔飞鱼。有些则有四翼，胸、腹鳍皆大，如加州燕鳐。

飞鱼体型较短粗，稍侧扁，吻短钝；两颌具细齿，有些种类犁骨、腭骨或舌上具齿；鼻孔两对，较大，紧位于眼前；鳔大，向后延伸；无幽门盲囊；被大圆鳞，易脱落，头部多少被鳞；侧线低，近腹缘；臀鳍位于体后部，约与背鳍相对，无鳍棘；胸鳍特别长，最长可达体长的3／4，呈翼状；有些种类腹鳍发达；尾鳍深叉形，下叶长于上叶；体色一般背部较暗，腹侧银白色，胸鳍色各异，有黄暗色斑点，或淡黄色，或具淡黄白色边缘，或条纹。飞鱼为热带及暖温带水域集群性上层鱼类，以太平洋种类为最多，印

▲飞鱼

度洋及大西洋次之。中国及临近海域记录有6属38种，以南海种类为最多。飞鱼由于发达的肩带和胸鳍以及尾鳍和腹鳍的辅助，能够跃出水面，滑翔可达100米以上，这种功能使飞鱼可以逃避鲯鳅、剑鱼等敌害的追逐。有些种类有季节性近海洄游习性，形成鱼汛。飞鱼有食用价值，多制成鱼干或鲜食，味道鲜美。

飞鱼在海中的主要食物是细小的浮游生物，每年的4~5月份，它从赤道附近到我国的内海产"仔"，繁殖后代。它的卵又轻又小，卵表面的膜有丝状突起，非常适合挂在海藻上。以前渔民们根据飞鱼的产卵习性，在它产卵的必经之路，把许许多多几百米长的挂网放在海中，借此来捕捉它们，目前国家有了保护措施，自此这种美丽的鱼类受到了保护。

飞鱼多年来引起了人们的兴趣，随着科学的发展，高速摄影揭开了飞鱼"飞行"的秘密。其实，飞鱼并不会飞翔，每当它准备离开水面时，必须在水中高速游泳，胸鳍紧贴身体两侧，像一只潜水艇稳稳上升。飞鱼用它的尾部用力拍水，整个身体好似离弦的箭一样向空中射出，飞腾跃出水面后，打开又长又亮的胸鳍与腹鳍快速向前滑翔。它的"翅膀"并不扇动，靠的是尾部的推动力在空中做短暂的"飞行"。仔细观察，飞鱼尾鳍的下半叶不仅很长，还很坚硬。所以说，尾鳍才是它"飞行"的"发动器"。如果将飞鱼的尾鳍剪去，再把它放回海里，本来就不能靠"翅膀"飞行的断尾的飞鱼，没有像鸟类那样发达的胸肌，只能带着再也不能腾空而起的遗憾，在海中默默无闻的渡过它的一生！

海洋鱼类的大家庭并不总是平静的，飞鱼是生活在海洋上层的中小型鱼类，是鲨鱼、鲜花鳅、金枪鱼、剑鱼等凶猛鱼类争相捕食的对象。因此，飞鱼并不轻易跃出水面，只有遭到敌害攻击时，或受到轮船引擎震荡声的刺激时，才施展出这种本领来。有时候，飞鱼由于兴奋或生殖等原因也会跃出水面，有时候飞鱼则会无缘无故地起飞。当然，飞鱼这种特殊的"自卫"方法并不是绝对可靠的。在海上飞行的飞鱼尽管逃脱了海中之敌的袭击，但也常常成为海面上守株待兔的海鸟，如"军舰鸟"的"口中食"。飞鱼就是这样一会儿跃出水面，一会儿钻入海中，用这种办

法来逃避海里或空中的敌害。飞鱼具有趋光性，夜晚若在船甲板上挂一盏灯，成群的飞鱼就会寻光而来，自投罗网撞到甲板上。飞鱼的肉特别鲜美，肉质鲜嫩，是上等菜肴。

位于加勒比海东端的石灰岩岛国巴巴多斯，以盛产飞鱼而闻名于世。这里的飞鱼种类近100种，小的飞鱼不过手掌大，大的有2米多长。据当地人说，大飞鱼能跃出水面约400米高，最远可以在空中一口气滑翔3000多米。显然这种说法太夸张了。但飞鱼的确是巴巴多斯的特产，也是这个美丽岛国的象征，许多娱乐场所和旅游设施都是以"飞鱼"命名的，用飞鱼做成的菜肴则是巴巴多斯的名菜之一。站在海滩上放眼眺望，一条条梭子形的飞鱼破浪而出，在海面上穿梭交织，迎着雪白的浪花腾空飞翔。繁花似锦的"抛物线"，仿佛美丽的喷泉令人目不暇接。瞬息万变的图景美丽壮观，令人久久难忘。游客们在此不仅能观赏到"飞鱼击浪"的奇观，还可以获得一枚制作精致的飞鱼纪念章。巴巴多斯因而获得了"飞鱼岛国"的雅号。

旗鱼又名芭蕉鱼，是太平洋热带及亚热带大洋性鱼类，也是公认的短距离内游泳速度最快的鱼类。旗鱼全年皆有产量，一般市面常见的有雨伞旗鱼（芭蕉旗鱼）、立翅旗鱼（白旗鱼）、黑皮旗鱼（黑旗鱼）、红肉旗鱼及剑旗鱼（旗鱼舅）。

旗鱼体形似月鱼，但背腹宽阔，尾柄亦宽。头吻部钝圆。尾鳍外缘平直。背鳍大于臀鳍，背、臀鳍圆弧形，体色多变，有红、淡黄、蓝、紫红等色，有深有浅，有偏蓝或偏红，上颌像剑样向前突出。青褐色的身躯上镶有灰白色的斑点，这些圆斑呈纵行排列，看上去像一条条圆点线。旗鱼的第一背鳍长得又长又高，前端上缘凹陷，它们竖展的时候，仿佛是船上扬起的一张风帆，又像是扯着的一面面旗帜，人们因此

游速最快的旗鱼

▲旗鱼

51

叫它旗鱼，它以小鱼和乌贼类等软体动物为食。

旗鱼可算是动物中的游泳冠军了，平均时速90千米，短距离的时速约110千米。海豚是游泳能手，时速约60多千米，但是，它却没有旗鱼游得快。根据游泳速度记录，次序是：旗鱼、剑鱼、金枪鱼、大槽白鱼、飞鱼、鳟鱼，然后才轮到海豚。旗鱼游泳的时候，放下背鳍，以减少阻力；长剑般的吻突，将水很快向两旁分开；不断摆动尾柄、尾鳍，仿佛船上的推进器那样。加上它的流线型身躯，发达的肌肉，摆动的力量很大，于是就像离弦的箭那样飞速地前进了。在美国佛罗里达半岛大西洋海域，人们曾经观察记录了旗鱼的游速。有一条旗鱼，用了3秒钟的时间，游了91.44米，合时速约110千米。

▼海边钓鱼

白旗鱼味道最鲜美的季节是冬季，尤其在每年年底至农历春节前后这段时间，渔船捕获的白旗鱼大多富含油脂；而黑旗鱼、芭蕉旗鱼则在夏季，尤其是芭蕉旗鱼在每年3—6月间非常肥美，鱼肉的切断面呈现鲜色，可媲美鲑鱼肉，一般内行人将其称为金瓜肉。旗鱼的肉色赤白，肌红蛋白含量高。萃取物的成分亦很丰富，尤其是组胺酸、鹅肌月太等咪唑化合物含量多。旗鱼与鲔鱼同是养分极高的鱼类，在日本常是寿司与生鱼片中的珍品。

旗鱼分布在大西洋、印度洋及太平洋，印度尼西亚、日本、美国和我国的东海南部和南海等水域，均有它的踪迹。台湾暖流的本流是它的洄游区。每年10月中旬以后靠近这一海域的沿岸，首先有真旗鱼洄游，接着有目旗鱼洄游，春夏期间有黑皮旗鱼洄游，夏秋有芭蕉旗鱼洄游。洄游索饵期正是钓获旗鱼的大好季节，钓获旗鱼的方法主要有拖钓和拉钓两种。

进行拖钓时，一般应使用正式的专门拖钓艇，并且应有专门的装备。钓竿应经得起的拉力，最好选用专门的拖钓投竿，需配备大型绕线轮，并要预先卷上40号（直径约1毫米）的优质尼龙线300～500米，作为母线。在母线下端通过大型返捻环连接"飞机"（即"鸽子"），其作用是使钓组漂浮于水面。"飞机"下端亦通过反捻环连接钢丝子线3～3.5米。子线末端装拟饵或坚固的钓钩。这种装备与钓获金枪鱼的拖曳渔具基本相同。施钓前，首先应寻找或发现旗鱼的游踪。旗鱼游泳的特点是，背鳍和尾鳍经常露出水面，根据鱼鳍的动态，即可判断鱼群的游向。这时，垂钓者应设法将钓组抛到旗鱼游向的前方。旗鱼一旦发现饵食，就会张口吞进饵钩，并急忙潜入水中。在这种情况下，即可放出母线，当被拉出200米左右时，一般母线的出线即会变得缓慢些。这时要猛然煞住，并大力作合。

这样一来，受惊的旗鱼又会再度疯狂奔游。垂钓者应冷静、沉着，通过放线、卷线、反复引遛，使其疲劳，一般情况下经过3个小时左右，即可拉近船边，借助助捞器，将它捕捞上船。

进行拉钓时，也必须使用专用渔船。一般多采用"钓切"的方法，来钓获旗鱼。所谓"钓切"，就是先在船的两边各伸出一根拉力大、韧力强的大竹竿，竹竿的长度应为6米左右。并在其前端用不同粗细的线绳将母线捆在竹竿上，通常捆三道：最前端的捆线要细一些，第二道捆线稍粗，第三道捆线最粗。一般母线用坚固的棕榈绳充当。子线亦用钢丝制作。母线末端拴缚直径为20厘米左右的球形浮漂。每条母线的长度为500米左右，分别盘绕在两个筐子里。

值得注意的是，旗鱼形体大，性凶猛，所以，在捕捞上船前的最后一刻，需用木槌照准它的头部猛力一击，使之昏迷，再捕捞上岸。另外，将钓获的旗鱼拖近钓船时，它有时会疯狂地冲向船弦，用利剑似的长吻撞坏或撞翻渔船，发生意外。这就要提前准备好预防措施，以防万一。还有，如果钓获的旗鱼过大，切不可强拉硬拽。一旦发现无能为力时，一定不可勉强，应当机立断切断母线，"丢车保帅"，确保人身安全。

雌鱼和雄鱼容易区别，成熟生殖期的雄鱼体色艳丽，处在发情阶段的雄鱼，体上星条纹散乱不齐；雌鱼体色较暗，腹部宽大肥满。产卵箱中要有水草、砂粒和增氧设备。雌鱼排卵延续6~7天，每天10~20粒不等。然后捞出雌鱼，留下雄鱼，雄鱼极其爱护后代。增氧器轻轻增氧，不要停止。1周左右，仔鱼陆续破膜而出。

最大胃的蝰鱼

▲珊瑚

　　蝰鱼又名凸齿鱼，属鲑形目鲑鱼科，是一种小型、暖水性且具代表性的深海发光鱼类。其体细长而侧扁，一般体长不足350毫米。头大，眼大，吻短。口裂大，斜位。具一短须的下颌大于上颌。一口长而伸出的獠牙甚利。背鳍位于胸鳍末端的后上方，较长的第一鳍条如丝状。体侧、背部、胸部、腹部和尾部均有发光器，可谓一身"珠光宝气"。

　　蝰鱼共有6种，见于各主要大洋的热带海区。各种蝰鱼均为深海种类，沿体侧有发光器，有的在鳍末端和口腔内也有发光器，所发之光有时用于诱集摄食其他鱼类。鱼因牙大且突出两腭之外似蝰蛇而得名，体形均小，最大的是太平洋的梅孔蝰鱼，长达30厘米。

　　它们头部后面的第一块脊椎实际上起着减震器的

作用，这个样子恐怖的动物有一个延长的背骨，顶端有一个发光器，然后用它们近亲黑巨口鱼那种方式逗引猎物。有人曾见到它们一动不动地停在水中，在头顶不断晃动这个诱饵来吸引它们的美餐。它们身体侧面也有发光器，这些发光器不起诱饵作用，主要是用于交配时发信号，以吸引其他的蝰鱼。蝰鱼有一个合叶状的头骨，下颌可以转得很开从而吞下大猎物，胃极具弹性，因此能吞下和本身同大的猎物，而且它们的胃还能起储存的作用。如果食物多了，它们就多吞食一些，放到胃里储存起来。

蝰鱼是昼夜垂直洄游鱼类，白天的时候它们待在1 524米的深处，晚上则来到不到609.6米深的水域，这里的食物更加丰富。蝰鱼无毒，分布于中国东海、南海，国外见于太平洋、印度洋和大西洋的热带至温带海域。蝰鱼在深海中之所以把自己装扮得如此"美丽"，其根本目的就是为了充分地引诱猎物，进而凶残地捕食之。由于蝰鱼可把自己的嘴张至正常大小的两倍，所以可吞下与自己同等大的猎物。追逐浮游生物，晚上到海面附近，白天则向深海内移动，通常人们都会认为生活在深海中的鱼类会十分奇特，而蝰鱼就是其中最为奇特的深海鱼类之一，这种外形怪诞鱼类的牙齿非常大，其嘴部无法装配其牙齿，只能将牙齿暴露出来，显出一副十分可怕的样子。它游动时速度很快，能够飞速地冲向猎物，并用牙齿牢牢地咬它，牙齿像钉子一样深深地插入其身体。

最不可思议的海洋生物

　　海洋是我们的世界最美丽的一部分，美得让人窒息，它充满生机，色彩鲜艳，处处都是诱人的艺术，绚烂的深海水，可爱的鱼，惊艳的珊瑚。色彩鲜明的海洋动物吸引了无数人的眼光，海底是个神秘而奇幻的大世界，一样有绚丽的"花朵"，而且并不静止，会涌动灵巧的生命，绽放美梦一般的情怀。大海的美还包含着一种神秘，一种让人心驰神往的神秘。海洋中形形色色的神秘生物牵引着许多人，去走近它了解它，揭开它神秘的面纱。

最五光十色的软体生物

在海底世界里，有一种会给自己造"房子"的动物，它们能从自己的身体里分泌出石灰质，作为建筑材料来建造"房子"，用作自己的栖身之地，这些动物就是贝类。因为它们的身体柔软，所以归属于软体动物。它们建造的"房子"就是那些五光十色的贝壳。软体动物门的种类非常多，在动物界中是仅次于节肢动物门的第二大门，共分为7个纲，即无板纲、单板纲、多板纲、双壳纲、腹足纲、掘足纲和头足纲。除无板纲和单板纲之外，其余5个纲的种类在中国海都有分布。目前，在中国海共记录到各类软体动物2557种，约占我国海域全部海洋生物物种的1/8以上。

鹦鹉螺属于头足纲中的四鳃类。古老的头足类也

▲鹦鹉螺

都像鹦鹉螺一样，有不同形状的贝壳。现在它们大都已经灭绝，唯一剩下的只有在海底生活的鹦鹉螺了，所以鹦鹉螺是一种"活化石"，属于国家保护动物，很久以来便是动物进化系统研究中的很有价值的材料之一。

鹦鹉螺是一种底栖性的动物，平时在海底爬行，偶然也漂浮在海中游泳。它的游泳方式跟乌贼相仿，是利用它的两片互相包被的漏斗喷水进行的。鹦鹉螺的触手数目很多，一共有90个。其中有两个合在一起变得很肥厚，当肉体缩到贝壳里的时候，用它盖住壳口，这与腹足类的厣的作用相当。

世界上生活的鹦鹉螺一共只有3种，数量也不多。它们的贝壳很好看，珍珠层很厚，可供玩赏或制造工艺品。

章鱼跟乌贼一样，也是属于头足类的动物，因为它的脚也是生在头顶上的。不过它只有八只脚，没有像乌贼那样专门用来捕捉食物的触脚。它的八只脚很长，好像八条带子，所以渔民们都把它叫作"八带鱼"。

章鱼也是很凶猛的动物，在它的脚上长有吸着力很强的大吸盘。如果我们捉到一个小章鱼，把它拿在手里，它马上就会用吸盘吸住我们的手，要想把它取下来还很费力呢！

章鱼的身体里面也有墨囊，而且所含的墨汁也是含有毒素的，不但可以用来防御敌人，而且还可以用来进攻敌人。一件很有趣的事实是，章鱼在休息的时候，并不是全身一齐休息，而是留有一条或两条长脚值班，不停地转动。尽管它的身体和其他的脚感觉都比较迟钝了，但是，如果轻微地触动到它的值班脚，章鱼就会立刻跳起来，并释放出浓厚的墨汁，把自己隐藏起来。

因为章鱼具有强有力的脚和吸盘，又有很好的防御工具，所以在海洋里和它相同大小的动物都会受到它的侵害，就连最大的、装备最好的鳌虾身体虽然和章鱼差不多大小也难免要成为它的牺牲品。

鲍鱼的肉很好吃，是名贵的海产食品。但它不是鱼，而是一种趴附在浅海低潮线以下岩石上的单壳类软体动物。

在鲍鱼的身体外边，包被着一个厚的石灰质的贝壳，这是一个右旋的螺形贝壳，呈耳状，它的拉丁文学名按字义翻译可以叫作"海耳"，就是因为它的贝壳的形状像耳朵。

鲍鱼的足部特别肥厚，分为上、下两部分。上足生有许多触角和小丘，用来感觉外界的情况；下足伸展时呈椭圆形，腹面平，适于附着和爬行。我们吃鲍鱼主要就是吃它足部的肌肉。

鲍鱼生活在水流湍急、海藻繁茂的岩礁地带，在沿海岛屿或海岸向外突出的岩角都是它们喜欢栖息的地方。鲍鱼多趴附于岩礁的缝隙或石洞中，它们分布的水深随种类而不同，像我国北方的盘大鲍一般分布在水下10多米处，在冬季为了避寒向深处移动，深度可达30米。到了春季鲍鱼慢慢上移，有的可在潮线下数米生活。

鲍鱼喜欢吃褐藻或红藻，像盘大鲍很喜欢吃裙带菜、幼嫩的海带和马尾藻等。鲍鱼的食量随季节而有变化，一般水温较高的季节吃得多，冬季不太活动，吃得少。

鲍鱼的种类很多，分布也很广，我国沿海都有鲍鱼分布。在北方，以大连及长山岛出产较多，出产的都是盘大鲍，它们的个体较大，呈卵球形。在南海则出产杂色鲍和耳鲍等，杂色鲍和盘大鲍的形状相似，但个体较小；耳鲍体形较长，贝壳更像耳朵，它足部的肉最肥厚，平时贝壳不能完全把它包在里面。

在海产的贝类中，有很多种具有非常美丽光泽的贝壳，无论是古代还是现代，人们都是非常喜爱它们的。在这些种类中，最有名的是宝贝。在古代还没有黄金、货币的时候，人们就是用这些宝贝的贝壳当作货币使用的。因此相传下来，一切有价值的、珍奇的东西就都称宝贝。宝贝是生有一个贝壳的单壳贝类，大部分生活在热带和亚热带的海洋里。在我国的福

▼鲍鱼

建、台湾、广东、海南以及东沙、西沙群岛等沿海，都可以找到很多种宝贝。宝贝的贝壳一般都近于卵圆形，壳面非常光滑，而且因种类的不同而具有各种不同的花纹，非常好看，犹如人工制造出来的美术品。

宝贝为什么那样光泽呢?我们可以从宝贝的生活状况来说明这个问题。宝贝和其他贝类一样，也是营爬行生活的。它在爬行的时候，头部和足部都从壳口伸出来。除了头部和足部以外，宝贝边缘的外套膜就从贝壳的腹面两侧向上把贝壳整个包被起来。这样，当宝贝活动的时候，贝壳总是被翻出来的外套膜所包围，外套膜能经常分泌珐琅质，为贝壳着上光泽。

宝贝的种类很多，在我国沿海已经发现的就有40多种，其中最普通的一种叫货贝。这是一种小型的宝贝，贝壳椭圆形，淡黄色或金黄色，背面常有两道灰色的横纹，极为光亮。这种宝贝，在古代曾被很多地区当作货币使用。现在我们写的"贝"字，就是按照这种宝贝的形状创造出来的。货贝的分布范围仅限于热带海区，我国的海南省南部、西沙群岛等地都很常见，退潮以后，在珊瑚礁上可以很容易地找到它。另一种比较常见的宝贝叫缓贝，这是一种中等大小的宝贝，贝壳淡褐色，上面被有纵横交错的棕色条纹和星状圆斑，两侧缘及星部有紫褐色斑点。

最自由自在的自游生物—

自游生物亦称游泳生物，指能自由游泳的生物，包括鱼类、龟鳖类和鲸、海豚、海豹。对游泳生物各个门类形态、分类的研究早已进行，但把游泳生物作为一个生态类群进行研究，则是在哈克尔之后。1912年和1916年，奥地利的阿贝尔分别在关于脊椎动物和头足类的著作中，第一次把隶属不同门类、具有不同体形，但在行动上有一定趋向性的水生生物归并为游泳生物。20世纪30年代以后，对海洋游泳生物的形态功能、生物力学以及生物声学等方面进行了许多研究。20世纪70年代以来，前苏联阿里夫的《游泳生物》等专著的出版，许多新技术的应用，使海洋游泳生物的研究进入新的阶段。

在水层中能克服水流阻力、自由游动的海洋生物，它们都具有发达的运动器官，是海洋生物的一个生态类群。它们除了具有发达的运动器官、平衡器官、肌肉系统、神经系统、视觉以及适应不同生境的各种形态结构外，还具备一些特殊的适应性功能和习性。例如：生活于外海的多数种类，鲐、金枪鱼、海豚等均具有典型的流线型体形，以减少水流阻力，敏捷地快速游动。飞鱼具有极发达的胸鳍，可离开水面腾空滑翔，一般滑翔时间不超过 2秒，滑翔距离约50米，但有时滑翔时间可达15秒，距离可达400米以上。海豚具有很厚且富有弹性的表皮，真皮中有许多小峰，峰间充满液体。所以，海豚能适应水流的压力变化，消除湍流，接近片流的境界，高速前进。头足类在遇到敌害时，能放出体内墨囊中的黑汁，使周围的海水变黑，借以掩护逃脱。鲸类具有能很好地接受和传递信息的器官，有一套极灵敏的探测系统，即"声呐"，因而具有回声定位和导航的能力。

游泳生物生活于不同的生境中，对水流阻力的适应能力各不相同。据此，游泳生物可分为4个类群：底栖性游泳生物、浮游性游泳生物、真游泳生物、陆缘游泳生物。

▼海豚

　　游泳生物的运动方式主要有以下几种：由于肌节的交替伸缩，加上鳍等的配合向前游动，如大多数鱼类和鲸类。杠杆运动方式，如甲壳类的对虾，依靠其附肢起桨的作用运动。反射运动方式，如头足类的章鱼，其腹部有一个特别的外套腔，水从外套腔中通过一个称为"漏斗"的运动器官，向外间歇地喷出，推动身体向相反方向快速运动。某些鱼类利用呼吸时从鳃孔中喷出的水流来运动，与头足类有些类似，但这在鱼类中只起辅助作用。

　　游泳生物分布极广，从两极到赤道各海域都有。只是在一些水化学成分极为特殊的海域，如含有硫化氢的深层，没有游泳动物。一般说来，在热带和亚热带海域（平均水温12℃以上）鱼类的种数很多，而每个种的个体数量则较少；在温带水域种数较少，但某些种的个体数量却非常之多。如邻近中国的南海北部已知鱼的种类为1000余种，而黄海和渤海仅有300种左右；南海的经济鱼类中，年产量在万吨以上的很少，而黄海、渤海、东海的小黄鱼、大黄鱼及太平洋鲱等，年产量可高达10万吨以上。

　　游泳生物在水体中的分布，取决于各个种的生态习性。海洋底栖性游泳生物的分布范围，从沿岸到数千米深处，有的种类，最深可达8000米处。浮游性游泳生物和真游泳生物分布于沿岸带至远洋区，从表层到深海，有的可达最深海区；其中用肺呼吸的真游泳生物（即海洋哺乳类），多分布于1000米以上的水层，潜水的下限是2000米。陆缘游泳生物主要分布在100米以上的水层，某些广深性种，如威德尔海豹可潜至600米的深水层。

　　海洋游泳生物的许多种类，均有定向的周期性运动现象，称为洄游。通过洄游，完成其生活史中的一些重要环节，如繁殖发育、索饵生长、越冬等，据此洄游分为产卵洄游、索饵洄游和越冬洄游。在多数情况下，这3种洄游构成游泳生物生命过程中3个相互联系的主要环节。

产卵洄游：在性腺成熟后、产卵季节之前，一些游泳生物往往集合成群，沿着一定路线，向一定方向作急速洄游，到达产卵场后进行产卵。索饵洄游：为寻找或追逐饵料所进行的洄游。越冬洄游，亦称季节洄游，主要是暖水性游泳生物的习性，一般是在晚秋和初冬，水温下降时，暖水性游泳生物集群游至适于过冬的海区。

游泳生物在洄游途中及到达产卵场和越冬场时，往往密集成群。因而，此时是渔业生产的良好季节。游泳生物的洄游习性，早已为人们所认识，但产生洄游的原因和机制迄今不明。为了更合理地开发利用海洋游泳生物资源，查明洄游的原因和机制具有重要意义。

海洋浮游生物是悬浮在水层中常随水流移动的海洋生物。这类生物缺乏发达的运动器官，没有或仅有微弱的游动能力；绝大多数个体很小，须在显微镜下才能看清其构造，只有个别种的个体甚大，如北极霞水母最大直径可达2米；种类繁多，隶属于植物界和动物界大多数门类；数量很大，分布较广，几乎世界各海域都有。1887年，德国浮游生物学家V.亨森首先采用"Plankton"一词专指浮游生物。该词来自希腊文，意为漂泊流浪。

浮游生物包括浮游植物和浮游动物两大类。

浮游植物种类较为简单，大多是单细胞植物，其中硅藻最多，还有甲藻、绿藻、蓝藻、金藻等。

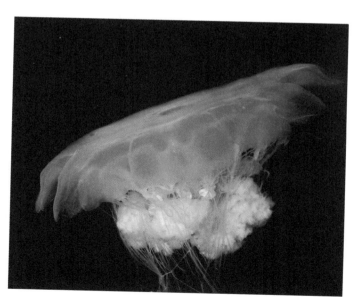

▲水母

浮游动物种类繁多，结构复杂，包括无脊椎动物的大部分门类，如原生动物、腔肠动物（各类水母）、轮虫动物、甲壳动物、腹足类软体动物（翼足类和异足类）、毛颚动物、低等脊索动物（浮游有尾类和海樽类），以及各类动物的浮性卵和浮游幼体等。其中以甲壳动物，尤其是桡足类最为重要。

浮游生物最重要的特点是能在水中保持悬浮状态，具有多种多样适应浮游生活的结构和能力，主要有两种类型。扩大个体表面积或结成群体增加浮力，这类现象在浮游生物中很普遍。如六角网骨藻、角刺藻有细长的角毛；桡足类有细长、多毛的第一触角和尾叉刚毛；龙虾的叶状幼体有扁平叶状的头胸部和细长分叉的胸足等。片藻、直链藻结成带状，海链藻结成链状，星杆藻连成星状等。减轻比重增加浮力，方式多样：产生气、油等比水轻的物质，如管水母类僧帽水母群体顶端有一个充满气体的大气囊，桡足类的哲水蚤体内有一个狭长的油囊，浮游硅藻类进行光合作用时产生油点或脂肪酸。分泌胶质，如浮游海樽类有发达的胶质囊，增加水分。浮游动物的含水量一般都高于底栖动物，如水母类的含水量高达96％以上。外壳和骨骼退化或消失，如浮游腹足类软体动物的贝壳都比底栖种类的轻薄，有孔虫的外壳上遍布小孔，毛颚类动物无骨骼组织。

　　按照纬度的不同，浮游生物可分为寒带种（分布于北冰洋和南大洋）、温带种（分布于北、南温带海域）和热带种（分布于热带海域）。这三类在种类和数量上都有很大差异。一般来说，寒带浮游生物的种类少，每个种的数量大；而热带浮游生物的种类多，每个种的数量少；温带浮游生物的种类和每个种的数量，介于前两类之间。导致发生上述分异现象的主要因素是温度。 盐度也影响海洋浮游生物的平面分布。广盐性种类分布较广，一般生活在近海，称为近岸浮游生物；狭盐性种类分布较窄，大多生活在外海，称为大洋浮游生物。浮游生物的平面分布还与海流密切相关，根据其分布可以探索不同水团、海流的流向和分布。如管水母类帆水母和银币水母，在东海可作为黑潮暖流的指示种。浮游生物数量的平面分布并非均匀，常有密集呈斑块状的分布现象。其成因或是风力、湍流以及水的富营养化，或是生殖、索饵活动。

　　浮游植物由于进行光合作用，仅分布在海洋有光照的上层（0～200米， 称为真光层）。蓝藻大多分布于真光层的上部，硅藻则可分布在整个真光层。浮游动物在上、中、下各个水层都有分布，但种类和数量互不相同。原生动物、轮虫类、水母类、枝角类、浮游腹足类及浮游幼虫一般分布在上层，它们与浮游植物统称为上层浮游生物。深海磷虾等种类潜居深海，被称为深海浮游生物。其他各类浮游生物则可栖息于各个水层。在1000米以内的水层中，浮游动物的磷虾类、桡足类等种类有随着深度加大而增多的趋势，但其数量却随深度加大而减少。此外，近年来微分布的研究引起了重视，它研究栖息在0～1米表层水中的生物种类组成和数量变动。影响这个群落分布的主要因素是风力。各类浮游动物的垂直分布不是固定不变的，其中引起变化最大的是昼夜垂直移动（一般白天下降，夜晚上升）。根据英国F.S.罗素提出的"最适光度假说"，浮游动物常栖息在光度对其生命活动最为合适的水层里，光度的昼夜变化促使浮游动物进行昼夜垂直移动。一般来讲，上层水中的种类和数量在夜晚显著增加。除光度外，其他外界因素如温度（温跃层能阻碍一些浮游动物上升到表层）、盐度（盐跃层对河口小型浮游动物的垂直移动也有阻碍作用）、食料等，也能影响昼夜垂直移动的幅度。

海洋污着生物是指污着在船底和其他海中设施表面上的海洋生物，也称为海洋附着生物和海洋污损生物。这类生物一般是有害的，且附着在人工设施的表面，不同于海洋岩礁上的固着生物以及养殖的贝、藻类和钻孔生物。

至1947年，世界已经记录约有2000种海洋污着生物。目前，已发现有4000~5000种，在中国沿岸已经记录有650种左右。这些种类分别隶属于海洋菌类、藻类以及海洋动物的各个主要门类。由于船只携带的结果，许多适应力较强的污着生物种属广泛分布于世界各海域。

污着生物群落的成员通常都要经历由少到多、个体由小到大的发展过程。浸在海水中无毒物体的表面，一般经过1~2小时就会有细菌和硅藻附着。它们分泌黏液，连同原生动物、小型线虫、轮虫、海藻孢子及其他有机碎屑等，形成一层微生物黏膜，然后是开始肉眼可见的大型生物附着。经过发展和演替，1~2年后，群落达到相对稳定的阶段。污着生物群落中的生物是相互依存和制约的。按生活方式的不同，污着生物分为永久性污着生物、非永久性污着生物和活动性污着生物三种类型。前两类是群落的主体，后一类随前两类的变动而增减。按个体大小，污着生物又可分为微型污着生物和大型污着生物两类。

最形影相随的污着生物

▲浒苔

　　不同材料的附着基对污着的程度影响很大：黄铜、紫铜及含铜65%以上的某些铜合金组成的附着基，基本上不长污着生物。目前已试验过几百种其他工程材料的附着基，几乎都受生物污着，但污着的强度有差别，如银板、镀锌板仅在浸没于海水的初期有防污能力。附着基的平滑度也影响生物的附着量，如藤壶在有机玻璃上的附着密度远远少于石棉板上。附着基的色泽不同，附着密度也不同，一般附着基颜色愈深，附着量愈大。这是因为污着生物的幼体，对各种波长的光的适应力不同，如藤壶的无节幼体是向光的，其金星幼体却是背光的。

　　物体表面的水流速度超过1海里/小时，污着生物幼体一般就不会附着。即是说只有在船只泊港期间，才会附上污着生物的幼体。幼体附着以后，便可以在流速较大的情况下继续附着，并变态发育。在自然海域，水流畅通的环境因有利于摄食，所以污着生物的生长特别旺盛。

污着生物会增加船舰航行的阻力；使海水冷却管道和热交换器的冷凝管管径缩小，甚至完全堵塞；促进腐蚀和导致缝隙腐蚀；使海中仪表和机械失灵；吸收声能，使声学仪器减效或失效；增加海中建筑物桩、柱的截面积，加大波浪和海流的冲击力；改变水雷等水中浮体的定深；堵塞网孔；与养殖的贝、藻类争夺附着基和饵料。

船舶的防污基本上都用防污涂料，有效期一般为1~3年。冷却管道的防污，在20世纪30年代是注入氯，20世纪60年代以来已经用电解海水的方法制氯。海中换能器和热交换器则直接用紫铜管防污，还有用电脉冲、超声波、淡水、热水、毒物释放器、毒性阳极电解、含毒橡胶包覆、喷镀铜、包覆铜板、对物体表面通以气泡或煤油、去除水中的溶解氧等方法，进行防污试验。氧化铜用作防污剂已经有100多年历史，至今仍然是应用最广泛的无机防污剂。近20年来，开始使用有机锡等有机化合物做防污剂。电解海水产生次氯酸钠和部分初生态氧，对污着生物的幼体有毒杀作用。

最喜欢倚洞穴居的钻孔生物

海洋钻孔生物是可以穿凿木船、木竹建筑、红树、岩石、珊瑚礁以及贝壳等海洋中物体的海生生物。它们中有的是为免受其他动物侵害而钻洞穴居，有的是为摄食而钻孔。

钻孔生物包括海藻、海绵动物、苔藓动物、环节动物的多毛类、软体动物的双壳类、节足动物的甲壳类和棘皮动物的一些种类，其中以双壳类和甲壳类最为重要，危害也最大。海绵类中的穿贝海绵、多毛类中的才女虫和一些苔藓动物，常穿凿扇贝、牡蛎、珠母贝等经济贝类，使其生长受到影响。棘皮动物中的球海胆等能用坚硬的棘穿凿珊瑚礁等。软体动物中的住石蛤、钻岩蛤、石蛏、开腹蛤以及海科中的许多种类都能穿凿岩石、珊瑚礁和贝壳等，对岩石堤岸、珊瑚礁和经济贝类的养殖有危害。石蛏穿入贝壳穴居，但不以所穿凿的对象为饵料；船蛆科除滩栖船蛆以外的种类和甲壳类的蛀木水虱、团水虱、跳水虱等都穿凿木材，并以木材为饵料。

船蛆科是海洋钻孔生物中被研究最多的生物。它们属于软体动物的双壳类，有60多种，中国沿海已发现10多种。由于长期钻在木、竹中生活，船蛆的贝壳已退化，仅剩下很小一部分包裹在身体前面，成为钻洞的工具。船蛆有一个柔软而细长、形似蛆虫的身体，身体末端有两个细长的管子（进水管和出水管）；在水管的基部，有一对其他双壳类动物所没有的石灰质的铠。船蛆在正常情况下活动时，铠回缩体内，水管伸到木穴外，海水和一些微生物、有机碎屑由进水管流进体内，而排泄物、生殖产物则经出水管排出体外。船蛆一旦受到敌害威胁、惊扰或感到外界环境不适时，水管便立即回缩，铠伸出体外，并堵塞洞口以自卫。

一些学者认为船蛆用化学方法钻木，即足部分泌出一种物质将木材溶解后钻入；有的学者认为船蛆用机械方法钻木，即以足为支点，用带有齿的贝壳左右旋转，摩擦木材，将木材锉下而钻入。船蛆贝壳表面生有细密的齿纹，与木材被凿的纹路相一致，是机械方法钻木的一个有力证据，但并不排除船蛆兼用化学方法分解木材。

▼寄居蟹

船蛆是滤食性动物，以有机碎屑为食料，但也吃木材。船蛆穿凿木材的深度可达20~30厘米，有的种类可达1米，而且很密集。船蛆的幼体营浮游生活，幼体在海水中散布寻找适宜的基底（质），附着后钻入木材。船蛆钻入木材后生长很快，大量地钻入破坏了木材的结构，使船只或构筑物解体破损，常造成很大损失。一块长12厘米、宽9厘米的木材，在青岛夏季放入海中一个月，就会钻入上千条船蛆。

属于双壳类，如生长在中国塘沽新港防波堤石灰石上的吉村马特海，在一块约1000立方厘米的石块中曾找到108个个体。除钻石的种类外，也有钻木的种类。马特海广泛分布在热带和亚热带，危害程度有时比船蛆还严重；食木海生活于水下35~3000米，不但钻木材，偶尔也钻入海底电缆、塑料或其他海洋物体。

甲壳类包括蛀木水虱、团水虱、跳水虱等，常着生于港湾和码头的木桩、护木以及其他木质设施上，终生在木材表层穿凿。蛀木水虱已知的有20余种，其中有7种以海藻为食，其余均钻食木材。试验也证明蛀木水虱以木材为主要食料，但木材能否满足蛀木水虱的需要尚未肯定。

在海洋中，钻孔生物对人类的危害很大，如船蛆会严重破坏木船和海洋中其他木竹设施。1913年左右，由于船蛆进入旧金山港口，几年时间便造成空前的破坏，损失2500万美元。为了解决这一问题，一般用煤焦油压入木材的方法防止钻孔生物的破坏，此法已使用100多年，有一定效果。涂刷防污漆对钻孔生物也有防除的效果，但油漆脱落后仍不免受害。中国民间用火熏烤船底或用铁锅碎片钉入船底等办法，对防除船蛆也有成效。20世纪50年代末期，中国科学院海洋研究所经过研究提出"56防治船蛆法"，在一定程度上解决了防除船蛆的问题。海科一般只钻石灰岩，对坚硬的花岗岩很少钻入，所以在建港、筑堤时应避免使用石灰岩。

最明亮的海洋发光生物

在海洋世界里，无论是广袤无际的海面，还是万米深渊的海底都生活着形形色色、光怪陆离的发光生物，宛如一座奇妙的"海底龙官"，整夜灯火通明。正是它们给没有阳光的深海和黑夜笼罩的海面带来光明。海洋发光生物自身具有发光器官、细胞（包括发光的共生细菌），或具有能分泌发光物体的腺体。海洋中能发光的生物种类繁多，有浮游生物、底栖生物和游泳动物。它是化学发光的一种类型，是化学能转换为辐射能过程中放射出的可见光，因为散发的热量非常少，又称为冷光。

发光器官由四部分组成：腺体、水晶体、反射器、色素体。有些鱼类发光，是由于自身组织中具有一种能发光的细菌与其共生，或由皮肤分泌一种能够发光的液体，即荧光素。鮟鱇就是用这种光引诱小鱼、小虾来捕食的。

全世界已发现能发光的生物约有 30纲538属。其中24纲461属是海洋生物，约占85%，分别属于从海洋细菌到海洋鱼类的许多门类，但甲藻以外的各类海藻和海洋动物的扁虫类、帚虫类、腕足类、毛颚类、须腕类、爬行类、哺乳类等没有发光的种类。在陆生生物中，发光现象仅限于极少数类别。海洋发光生物广泛分布于世界各海域，特别是温带和热带海域。一般认为，在水深超过700米的水层中，90%以上的动物是

▲海洋发光生物

能发光的。

　　海洋发光生物可分为细胞内发光和细胞外发光两类。第一类细胞内发光是细胞发光，较为普遍，夜光藻是最常见的代表。当细胞受刺激时，细胞质中丝状排列的发光颗粒（一种拟脂蛋白）收缩，发出淡蓝色闪光。单细胞的甲藻和放射虫类，以及许多具有特化发光器的多细胞动物都属于细胞内发光。第二类细胞外发光是由生物的腺体分泌排放出的内含物发光，其中海萤为最著名的代表。桡足类、齿裂虫、波叶海牛、海笋、柱头虫等，都是细胞外发光的动物。细菌的发光是一种呼吸现象的连续发光。其他生物一般都是受刺激后才发光。

海洋表层（尤其是温带、热带）常有很多单细胞的发光浮游生物，其中甲藻类是最重要的成员。发光浮游生物种类组成及其数量有季节的变化和空间的差异，如在黑海沿岸，冬、春、夏季的发光现象与夜光藻的数量变动相适应，而秋季则是由旋沟藻等发光所致。海洋上层的发光常呈小尺度的块状分布，这是由发光的小型浮游生物的微分布所造成的。在垂直分布上，发光的高峰主要出现于温跃层附近，与发光的甲藻和浮游植物数量高峰的位置相符。一些发光的浮游动物（如磷虾）有明显的集群习性，它们是形成深海散射层的主要动物之一。头足类的发光器的分布、大小及结构，都随动物的垂直分布而不同。具有更发达发光器的是大洋性和深海性鱼类，以及多数的沿岸和底栖鱼类，这些动物则由发光器内的共生细菌发光。

生物发光是生命活动的一种行为表现，往往与一个种的生存和繁衍有关。如许多深海鱼悬摆发光的诱饵物，以吸引饵料生物；有些虾类常分泌光雾，迷惑和逃脱敌害；齿裂虫等在繁殖季节，以其发光寻求配偶。生物性冷光有多种用途，如发光菌灯可作为火药库的安全照明。20世纪70年代以来，生物发光监测磷酸酶、腺苷三磷酸的技术也被广泛应用。生物发光不仅具有经济的和生态学的意义，同时也是生物化学和生物物理学研究的对象。

最具特异功能的海洋生物

在海洋这个神秘的世界中，永远有让人意想不到的事情发生，人类的眼睛与思想在光怪陆离的海洋面前就会显得狭隘。鱼类真的离不开水吗？鱼儿真的不会发出声音吗？不，当然不。神奇的鱼儿不但会爬树，会交流，还会化妆，更会享受生活。不但如此，为了生存它们还练就了一身"功夫"，其实鱼儿也不是好惹的。

会说话的海底『居士』

一般人都以为鱼类全是哑巴，显然这是不对的。许多鱼类会发出各种令人惊奇的声音。例如：康吉鳗会发出“吠”音；电鲶的叫声犹如猫怒；箱鲀能发出犬叫声；鲂鮄的叫声有时像猪叫，有时像呻吟，有时像鼾声；海马会发出打鼓似的单调音。石首鱼类以善叫而闻名，其声音像辗轧声、打鼓声、蜂雀的飞翔声、猫叫声和呼哨声，其叫声在生殖期间特别常见，目的是为了集群。

不但不同的鱼会发出各种不同的声音，就是同一种鱼，在生殖、索饵、移动、逃避敌害、成群结队或者单独行动等不同情况下，发出的声音也不相同。每年春季，大黄鱼在我国沿海产卵时，则“呜呜”或“哼哼”地叫，像水开时发出的声音；在排卵过程中，发出“咯咯咯”的声响，有如秋夜的青蛙在歌唱。

鱼类究竟为什么会发声呢?初步的研究表明，有的鱼发声是为了躲避或恐吓敌害，有的是在生殖期为了招引异性，有的则是由于外界环境的变化不适合它们的生活条件而造成的。

鱼类怎么能发出声音呢?大多数能发声的鱼，主要是靠体内的发声器官——鳔。鱼鳔是一个充满气体的膜质囊，它靠一些纤细而延伸着的肌肉与脊椎骨相连。这些延伸着的肌肉，具有与琴弦相似的作用，它的收缩引起鳔壁和鳔内的气体振动，从而发出声音。有些鱼类，如竹夹鱼、翻车鱼是利用喉齿摩擦发声；鼓鱼、刺猬鱼是利用背鳍、胸鳍或臀鳍的刺根振动而发声；还有不少鱼是利用呼吸时鳃盖的振动或肛门的排气而发出声音。这种声音在科学上统称为"生理学声音"。此外，许多鱼类由于结成大群游动时也会发出声音来，这被称为"动水力学声音"。我国的劳动人民在很早以前就懂得把鱼类发声的现象应用到生产上。明朝李时珍在《本草纲目》中就写道："石首鱼出水能鸣，每岁四月来自海洋，绵亘数里，其声如雷。渔人以竹筒探水底，闻其声乃下网截流取之。"

现在，沿海渔民在捕捞黄花鱼的时候，仍常用耳朵靠在船板上测听鱼的声音，据以判断鱼群的大小、位置和移动的方向，从而采取捕捞措施。随着科学技术的发展，现在人们已经能够利用"水中听音器"来收听鱼类的声音，了解鱼群的大小、移动方向、离渔船的远近等。将来，随着对鱼类发声现象的深入研究，完全有可能做到如下两点：一是利用仪器测知鱼的声音，断定它是什么鱼，在什么地方，有多少，准备组织捕捞；二是利用鱼类发声招引异性的现象，可以人为地把特定的声响送进水中，传播出去，从而把鱼诱集成群，甚至使它们游到渔网中去。

最会伪装的珊瑚鱼

美丽的珊瑚礁吸引着众多的海洋动物竞相在这里落户。据科学家估计，一个珊瑚礁可以养育400种鱼类。在弱肉强食的复杂海洋环境中，珊瑚鱼的变色与伪装，目的是为了使自己的体色与周围环境相似，达到与周围物体乱真的地步，在亿万种生物的顽强竞争中，赢得了自己生存的一席之地。

刺盖鱼俗称神仙鱼，是珊瑚鱼中最华丽的鱼。因为它们生活在比蝴蝶鱼更深而且较暗的环境中，故需展现出更加鲜明的色彩。它们中的许多鱼，幼鱼与成鱼形态和色彩截然不同，同一种鱼往往容易被误认为是两种鱼。

甲尻鱼的身体呈土黄色，体侧有八条具有黑色边缘的蓝紫色横带，好似陆生的斑马，因此俗称斑马鱼。另一种神仙鱼，身上的花纹好似小虫蛀成，黑色粗纹把眼睛巧妙伪装起来，若不仔细看，很难发现它是一条鱼。

石斑鱼不喜欢远游，它们喜欢栖息在珊瑚礁的岩洞或珊瑚枝头下面。它们是化装高手，可以有八种体色变化，往往顷刻之间便可判若两鱼。它们具有与环境相配合的斑点和彩带，在洞隙中静观动静，遇有可食之物，便迅游而出捕捉之。

粗皮鲷大都以海藻为生，体色与海藻颜色相似，尾柄处长着一块突起的骨状物，像把手术刀，这是它们求生的武器，常用其尾鞭挞敌人，使敌害受到严重创伤。

在珊瑚礁的海藻丛中常生活着一种鳚鱼，它形成保护色和拟态，其体色和体态都与周围的海藻相似。它们将身体全部隐藏在海藻丛中，只露出由第一背鳍演变成的吻触手，触手端部长穗状，形似"钓饵"，用以引诱小鱼、小虾。

有美就有丑，在珊瑚礁中有一种看了令人生畏的玫瑰毒鲉，其长相丑陋，体色灰暗，间有红色斑点。它常隐伏于珊瑚礁或海藻丛中，活像海底

▼珊瑚鱼

的一块礁石或一团海藻，小鱼、小虾游近身边，被其背棘、头棘刺中，便会立即死亡，成为其果腹之物。它是剧毒的毒鲉，人被其刺伤，若不及时抢救，4个小时之内亦会死亡。

生活在海藻丛中的叶海马，身上长有各种类似海藻的叶片状突起，不仔细观察，你还会认为这是一片海藻呢！

澳大利亚东海岸著名的大堡礁是世界上最长、最大的珊瑚礁群，在珊瑚礁丛中生活的鱼类也是各形各色，其中有一种名叫侏儒虾虎鱼的小型鱼类最长寿命竟不超过两个月，同时它也是世界上生长速度最快的鱼类。侏儒虾虎鱼已成为吉尼斯世界纪录的"保持者"，它拥有两项纪录：世界

▼珊瑚树

上生长最快的鱼类；目前科学界发现的寿命最短的脊椎动物。科学家解释称，侏儒虾虎鱼之所以生命周期如此短暂且生长快速，主要是由于它们生活的珊瑚礁中存在着许多掠食动物。珊瑚礁中生存的许多小型鱼类的平均寿命都很短，它们的进化发展倾向于"快速生长、寿命短暂"，当它们到达繁殖时期就预示着生命即将结束。

最爱享受的太阳鱼

翻车鱼在英美地区被称为海洋太阳鱼,在西班牙被称为月鱼,在德国被称为会游泳的头,在日本被称为曼波。可能与它会上浮侧翻,在海上做日光浴的习性有关,因此又有人叫它"太阳鱼"。翻车鱼因看起来只有头没有身子,也叫头鱼。

翻车鱼是世界上最大、形状最奇特的鱼之一。鱼体呈椭圆扁平状,身型偏短而两侧肥厚,头小、嘴小,尾鳍退化,无尾柄或很短;没有腹鳍,但背鳍与臀鳍发达,且相对较高。体侧呈灰褐色,腹侧则呈银灰色。鱼身和鱼腹上各有一个长而尖的鳍,而尾鳍却几乎不存在,于是使它们看上去好像后面被削去了一块似的。翻车鱼个体较大,最大者体长可达3~5米,体重可达1.5~3.5吨。有趣的是,这么大的鱼,却长

▲深海鱼

着樱桃似的小嘴，看来很不相称。当然，在翻车鱼的家族中，各成员的体形并不完全相同。比如，有一种翻车鱼的尾巴又长又尖，看上去像是拖着一根长矛，所以人们叫它"矛尾翻车鱼"；还有一种翻车鱼身体修长，大家叫它"长翻车鱼"。翻车鱼主要以水母为食，用微小的嘴巴将食物铲起。它们常常在水面晒太阳，尽管其行动笨拙，但有时也会跃出水面。

翻车鱼既笨拙又不善游泳，常常被海洋中其他鱼类、海兽吃掉。而它不至于灭绝的原因是其具有强大的生殖力，一条雌鱼一次可产2500万~3000万枚卵，在海洋中堪称是最会生产的鱼类。

翻车鱼的繁殖过程也非常有趣。每当生殖季节来临时，雄鱼则在海底选择一块理想的场地，用胸鳍和尾巴挖开泥沙，筑成一个凹形的"产床"，引诱雌鱼进入"产床"产卵。雌鱼产下卵之后，便扬长而去。此时，雄鱼赶紧在卵上射精，从此就担负起护卵、育儿的职责，直到幼鱼长大。

有几项医学实验表明，翻车鱼能分泌一种奇特的物质来改善四周的环境，可以用来治疗周围鱼类的伤病，所以翻车鱼可以算得上是鱼里面的大夫。

翻车鱼经济价值较高，除了作科学研究和观赏外，它还是名贵食用鱼类。它骨多肉少，剥皮后鱼肉约为体重的1／10，其肉质鲜美、色白，营养价值高，蛋白质含量比著名的鲳鱼和带鱼还高。翻车鱼的肠子也很昂贵，台湾有道名菜"妙龙汤"就是以此作为主料，食之既脆又香，令人胃口大开。据说，在台湾翻车鱼的价钱高出名贵龙虾的1倍。此外，鱼皮亦大有用途，是熬制明胶或鱼油的原料，可也作精密仪器、机械的润滑剂。鱼肝可制鱼肝油和食用氢化油等。

吃东西最奇怪的八目鳗

八目鳗是一种无腭、像鳗鱼的食腐鱼，它生活在水温适宜的海洋底部的污泥里面。八目鳗可以生长到大约61厘米长。它有一个吸盘嘴巴，周围有4～6个触须（肉须），并且舌头上长有牙齿。八目鳗身体上的一种黏滑的物质可以帮助它逃离捕食者。八目鳗主要吃死鱼，它们也吃被网卡住的即将死去的鱼，因此对北美洲的沿海捕鱼业造成了很大损失。八目鳗吸附在猎物的身上，吃光它们的肉，只留下皮和骨头。

白鳝属于鲈形目，黄鳝接近鲈形目，它们都属于比较高级的鱼类，而八目鳗却不是这样，我们可以用活化石来称呼它，和它相近的品种还有深海地区的盲鳗，只不过盲鳗更加原始。八目鳗的口形似管子，而且嘴几乎不能关闭，口腔里长满了肉刺般的小牙齿，舌头更是特化成刮刀的样子，一看就知道不是善类。它在幼年时期以各种藻类为食，成年以后就凶相毕露了，用它那特化的口吻吸在大鱼身上刮肉吃，因此在有些地方它是水产业的大敌。曾经有一个国家的公爵就畜养八目鳗，用它来处决犯人，可见它的凶猛。但是由于它只能生长在溶氧量比较大的干净水体中，所以现在的境况已经不容乐观了，以前在黑龙江流域有很大的种群，现在由于生态的破坏和滥捕乱捞（八目鳗曾经是重要的经济鱼类，现在也是）已经很少了，在中国正面临绝迹的危机。

　　白鳝全体近圆筒形，尾部侧扁。体长可达60厘米以上。头的两侧各有7个分离的鳃孔，与眼排成一直行，形成8个像眼的点，故通称八目鳗。鼻孔单个，位于头背面两眼的中间，后方有一白色皮斑。头前腹面有呈漏斗状的吸盘，张开时呈圆形，周缘皱皮上有许多细软的乳状突起。背鳍2个，口漏斗发达，无口须。

　　七鳃鳗只有一个鼻孔，位于头顶两眼之间。眼发达，具松果眼，具感光作用。它的眼睛后面身体两侧各有7个鳃孔，这就是它叫作"七鳃鳗"的原因。内耳有两个半规管。鼻垂体囊的末端是盲囊。雌雄异体，发育要经过较长的幼体期，经变态为成体。成体行半寄生生活，有害于渔业。七鳃鳗是一种圆口纲的鱼类。没有颌，里面长满了锋利的牙齿，这是古代鱼祖先所具有的特征之一。鳃在里面呈袋形的原始状态，鳃穴左右各7个，排列在眼睛后面。口呈漏斗状，里面分布着一圈一圈的牙齿，为圆形的吸盘，能吸住大鱼。舌也附有牙齿。口吸住猎物时，咬进去刮肉并吸血。身体没有鳞片，包着一层黏黏的液体。海七鳃鳗体长70厘米，溪七鳃鳗体长15～19厘米。口在漏斗底部，口两侧有许多黄色角质齿，口内有肉质呈舌形的活塞，其上亦有角质齿。肛门位于躯干与尾部交界处，肛门前有一泌尿生殖突。皮肤柔软而光滑，无鳞，侧线不发达。无偶鳍。背鳍2个，基长约相等，后面的背鳍与尾鳍相连，鳍条软而细密。背呈青色带绿，腹部灰白色略带淡黄。

　　八目鳗部分时期栖息于海中，成长后游至淡水河流中产卵，为洄游性鱼类。常以吸盘吸附于其他鱼体上吸食其血肉。八目鳗秋季由海进入江河，在江河下游越冬，翌年5—6月，当水温达15℃左右时溯至上游繁殖。八目鳗选择水浅、流快、沙砾底的水域挖坑、筑巢产卵，雄鱼以吸盘吸着

▲八目鳗

雌鱼头部，同时排卵、受精。卵极小，每次产卵8万~10万粒，黏在巢中沙砾上。产卵后亲鱼全部死亡。卵孵化后不久即成为仔鳗。仔鳗营泥沙中生活，白天埋藏在泥沙下边，夜晚出来摄食。此阶段的仔鱼与成鱼很不相像，口吸盘不发达，呈三角形，称为沙隐幼鱼，过自由生活。八目鳗的寿命约为7年，幼鱼在江河里生活4年后，第5年变态下海，在海水中生活2年后又溯江进行产卵洄游。八目鳗为肉食性鱼类。既营独立生活，又营寄生生活，经常用吸盘附在其他鱼体上，用吸盘内和舌上的角质齿戳破鱼体，吸食其血与肉，有时被吸食的鱼最后只剩骨架。八目鳗独立生活时，则以浮游动物为食。仔鳗期以腐殖碎片和丝状藻类为食。生殖时期的成鱼停止摄食。

　　人们对于无腭、类似盲鳗的八目鳗类鱼的演化或早期生命历史的了解甚微，认为是最原始的有头盖的动物和退化的脊椎动物。其与古代鱼类的关系仍然是令人困惑的。牙形刺是前寒武纪晚期至三叠纪晚期齿状磷灰质软体化石，被认为是由无脊椎动物演化而来的。不过，最近部分软体化石的发现已经确定了牙形动物与脊索动物的亲缘关系。

　　八目鳗肉中维生素A的含量较一般鱼类为高，每克含99～980国际单位（平均300国际单位）。其次，在肝、肾、生殖腺及大肠中亦有之，尤其在睾丸与小肠中的含量更高。在鱼皮中维生素B_1与维生素B_{12}的含量远高于其他鱼类，腹皮中的含量比背皮高。如今，过分使用眼睛看书、电视和电脑的现代人，愈来愈多的人感到眼睛疲惫。像是眼睛痛、视力模糊、眼冒金星、眼睛充血、眼睛刺痛、流眼泪，都是眼睛疲惫的症状，有时甚至有头痛、目眩、肩膀僵硬、恶心等症状。因八目鳗含有丰富的脂肪，脂肪当中有大量的维生素A，因其是脂溶性维生素，所以吃八目鳗可以有效补充维生素A。特别对在夜间眼睛容易疲劳和视力不佳的人最有功效。维生素A缺乏会使眼角膜的黏膜角质化，补充维生素A可以使泪腺分泌泪水，眼角膜获得润滑。因此，八目鳗是值得推荐的优良食品，可以烧烤方式烹调享用，若不易取得，也可食用一般的鳗鱼，虽然一般的鳗鱼维生素A的含量只有八目鳗的1/8。

电鳐是近海底栖鱼类，身长30厘米至2米，体柔软，皮肤光滑，头与胸鳍形成圆或近于圆形的体盘。电鳐最大的个体可以达到2米，很少在0.3米以下。它背腹扁平，头和胸部在一起。尾部呈粗棒状，像团扇。电鳐眼小而突出；喷水孔边缘隆起；前鼻瓣宽大，伸达下唇。背鳍一个。体盘亚圆形。腹鳍外角不突出，后缘平直。尾具侧褶。背部赤褐色，具少数不规则暗斑。鳃孔5个，狭小，直行排列。齿细小而多。电鳐一般生活在1000米以下的深水区。它活动缓慢，以鱼类及无脊椎动物为食。

软骨鱼纲电鳐目是板鳃类鱼的一个目，此目的鱼鳃裂和口都在腹位，有5个鳃裂，身体平扁卵圆形，吻不突出，臀鳍消失，尾鳍很小，胸鳍宽大，胸鳍前缘和体侧相连接。电鳐是卵胎生，半埋在泥沙中等待猎物，根据背鳍的多少可分为双鳍电鳐科、单鳍电鳐科和无鳍电鳐科。

电鳐是怎样放电的呢？原来，电鳐是活的"发电机"。它尾部两侧的肌肉，有规则地排列着6000~10 000枚肌肉薄片，薄片之间有结缔组织相隔，并有许多神经直通中枢神经系统。每枚肌肉薄片像一个小电池，虽只能产生150毫伏的电压，但近万个"小电池"串联起来，就可以产生很高的电压。电鳐的奇妙之处就在于它能随意放电，放电时间和强度，它完全能够自己

最会放电的海底电老虎

95

▲电鳐

掌握。电鳐可以发电，并靠发出的电流击毙水中的小鱼、虾及其他的小动物，是一种捕食和打击敌害的手段。世界上有好多种电鳐，其发电能力各不相同。非洲电鳐一次发电的电压在220伏左右，中等大小的电鳐一次发电的电压在70～80伏，像较小的南美电鳐一次只能发出37伏电压，因此，它有海中"活电站"之称。

电鳐每秒钟能放电50次，但连续放电后，电流逐渐减弱，10～15秒钟后完全消失，休息一会后又能重新恢复放电能力。电鳐的放电特性启发人们发明和创造了能贮存电的电池。人们日常生活中所用的干电池，在正负极间的糊状填充物，就是受电鳐发电器里的胶状物启发而改进的。

由于电鳐放电后会有一段调整期，这也因此成了它的致命硬伤。人们在捕获电鳐时，总是先把家畜赶到河里，引诱电鳐进行放电，或者用拖网拖，让电鳐在网上放电，等电鳐将电放完便趁这一间歇轻而易举地捕获失去反击能力的电鳐。

早在古希腊和罗马时代，医生们常常把病人放到电鳐身上，或者让病人去碰一下正在池中放电的电鳐，利用电鳐放电来治疗风湿症和癫狂症等病。在法国和意大利沿海，还有一些患有风湿病的老年人，正在退潮后的海滩上寻找电鳐，来做自己的免费"医生"。电鳐的电有多大威力，据计算，1万条电鳐的电能聚集在一起，足够使一列电力机车运行几分钟。

电鳐外形像蛇，体长2米，重20千克左右。它常常一动不动地躺在水底，偶尔浮出水面呼吸。它通过"电感"来探寻猎物，猎物一旦出现，就放电将其击毙或击昏，此时的猎物就成为它的盘中餐了。这样既简便又厉害的捕杀绝技，自然备受人们欣赏，电鳐也因此被称为江河中的魔王。

能够放电的生物还真不少，电鳗是电鳗科的鳗形南美鱼类，它也能产生足以击昏人类的电流。电鳗行动迟缓，栖息于缓流的淡水水体中，并经常会浮出水面进行呼吸。它的背鳍、尾鳍退化，但占全长近4/5的尾部，其下缘有一长形臀鳍，它依靠臀鳍的波动而游动。与电鳐不同的是，它的尾部具发电器，来源于肌肉组织，并受脊神经支配。

电鳗是一种降河性洄游鱼类，在淡水内长大，之后回到海中产卵。每到春季，大批幼电鳗成群自大海进入江河口。雄电鳗通常就生活在江河中，而雌电鳗则逆水进入江河湖泊，它们在江河湖泊中生长、发育，基本遵循昼伏夜出的规律。电鳗喜欢流水的环境、弱光的巢穴居住，它的潜逃能力很强。到性成熟时，雌电鳗会在秋季游至江河口与雄电鳗会合，然后继续游至海洋进行繁殖。根据专家推测其产卵地点在北纬30°以南和中国

台湾的东南附近水域，水深400~500米，水温16~17℃，含盐量30‰以上的海水中，它们一次性产卵，一尾雌电鳗一次可产卵700万~1000万粒。它们的卵很小，直径不超过1毫米，10天内便可以孵化。孵化后仔鱼逐渐上升到水表层，电鳗的性腺在淡水中不能很好地发育，更不能在淡水中繁殖，雌电鳗的性腺发育是在降河洄游入海之后得以完成的。在8—9月间大批雌电鳗接近性成熟时降河入海，并随同在河口地带生长的雄电鳗至外海进行繁殖。

最具童话色彩的海底生物

　　红海清澈碧蓝的海水下面，生长着五颜六色的珊瑚和稀有的海洋生物：花地毯般活动着的珊瑚礁和特别诱人的鱼都正等待着你去发现它们的秘密，正如著名的潜水摄影师大卫·杜比勒所描绘的："在红海海底，每日每夜都非常热闹，珊瑚礁都在魔术般地默默地有节奏地跳着舞蹈……"

　　红海中有上千种珍稀鱼类及十几种珍稀贝类，它们的造型奇特、色彩绚丽，都是生活在深海中的，与珊瑚相映成趣，构成了一个神奇莫测、绚丽无比的海底珊瑚世界。置身其间，仿佛在游览一座童话般的海底花园。

最难分辨的混合体——海蛞蝓

海蛞蝓，又名海兔，是一种海生螺类软体动物，居于珊瑚内，背部有透明的薄薄的壳，一般呈白色，有"海底宝石"的美称，以海葵、海绵、水螅为食物。最新一项研究发现，通体碧绿的海蛞蝓似乎是动物与植物的混合体——这是科学家发现的第一种可生成植物色素——叶绿素的动物。

海兔不是兔。海兔的个体较小，一般体长仅10厘米，体重130克左右。海兔耸起两只耳朵（实为触角），外形像兔子，头上一前一后，只是没有毛而已。海兔的后触角较长，当它不动时，活像一只蹲在地上竖着一对大耳朵的小白兔，因而最早被罗马人称为"海兔"。后被世人所公认，海兔因而得名。日本人称它为"雨虎"，它属于软体动物，腹足类。海兔头上的那两对分工明确的触角，前面一对稍短，专管触觉；后一对稍长，专管嗅觉。海兔在海底爬行时，后面那对触角分开成"八"字形、向前斜伸着，嗅四周的气味，休息时这对触角立刻并拢，笔直向上，恰似兔子的两只长耳朵。海蛞蝓种类非常多，有2700～3000种，广泛产于世界暖海区域，已有人工养殖。

海兔喜欢在海水清澈、水流畅通、海藻丛生的环境中生活，以各种海藻为食。它有一套很特殊的避敌本领，就是吃什么颜色的海藻身体就变成什么颜色。

▲海兔

如吃红藻的海兔身体呈玫瑰红色，吃墨角藻的海兔身体就呈棕绿色。有的海兔体表还长有绒毛状和树枝状的突起，从而使得海兔的体形、体色及花纹与栖息环境中的海藻十分相近，这样就为它自己避免了不少麻烦和危险。海兔既能消极避敌，又能积极防御。在海兔体内有两种腺体，一种毒腺在外套膜前部，能分泌一种略带酸性的乳状液体，气味难闻，对方如果接触到这种汁液会中毒而受伤，甚至死去，所以敌害闻到这种气味，就远远避开。一种叫紫色腺，生在外套膜边缘的下面，遇敌时，能放出很多紫红色液体，将周围的海水染成紫色，借以逃避敌人的视线。

春天是海兔的繁殖季节，海兔是雌雄同体生物，身上有雌雄两种性器官，如果两只相遇，其中一只海兔的雄性器官就会与另一只海兔的雌性器官交配，间隔一段时期，彼此交换性器官再进行交配。可是这种情况并不常见，通常总是几个甚至十几个海兔联体、成串地交合：最前的第一个海兔的雌性器官与第二个海兔的雄性器官交合，而第二个海兔的雌性器官又与第三个的雄性器官交合，它们交合常常持续数小时，甚至达数天之久。交配之后，产出卵子，卵与卵之间以蛋白腺分泌的胶状物，黏成细长如绳索状的一长条，有的可达几百米。有人以18米长的卵索带统计，竟含有108 000个卵。海兔产卵甚多，但孵出的极少，因为都被其他动物吞食掉了。

海兔的卵有极高的食用价值。卵的外表看上去如粉丝，被当地群众叫作"海粉丝"。海粉丝营养价值很高，蛋白质含量高达32%，脂肪含量为9%，还含有多种矿物质和维生素，也是消炎清热的良药。除了海粉丝，海兔本身也可食用。沿海渔民一般都就地将其配制成海兔酱。

近年来，日本名古屋大学山田静之教授等人从海兔体内提取了一种名为"阿普里罗灵"的化合物，通过动物实验，认为可作为抗癌剂。它的抗癌能力可与现在作为抗癌药剂的肿瘤坏死因子的效力匹敌，而且这种制剂只对癌细胞起杀灭作用，对正常细胞无毒性。海兔抗癌制剂的出现，使海兔声名远扬。

除了制药，海兔还是重要的神经生理学实验动物。2000年诺贝尔奖获得者坎德尔德用海兔作为研究对象，进而发现了经典学习模型的细胞原理。

最爱变魔术的章鱼

　　章鱼又称石居、八爪鱼、坐蛸、石吸、望潮、死牛，章鱼和人们熟悉的墨鱼一样，并不是鱼类，它们都属于软体动物。章鱼有八只像带子一样长的脚，弯弯曲曲地漂浮在水中。章鱼有着与众不同的相貌和超乎寻常的智商。人们熟知的章鱼有8条腕足，腕足上有许多吸盘，有时会喷出黑色的墨汁，帮助其逃跑。

　　章鱼的神经系统是无脊椎动物中最复杂、最高级的，包括中枢神经和周围神经两部分，而且在脑神经节上又分听觉、嗅觉和视觉神经。它的感觉器官中最发达的是眼，眼不但很大，而且睁得圆鼓鼓的、一动也不动，像猫头鹰似的。眼睛的构造很复杂，前面有角膜，周围有巩膜，还有一个能与脊椎动物相媲美的发达的晶状体。此外，在眼睛后面的皮肤里有个小窝，这个不同寻常的小窝，是专管嗅觉用的。

　　我国常见的章鱼有短蛸、长蛸、真蛸等，其中真蛸是我国重要的渔业捕捞对象，主要分布于东南沿海。全世界章鱼有650种，它们的大小有很大差异。最小的章鱼是乔木状章鱼，它只有几厘米，而最大的可达到6米，吸足展开可达到10米。典型的章鱼的身体呈囊状，头与躯体分界不明显，它的每条腕都有两排肉质的吸盘，可以有力地握持他物。章鱼的腕的根部与称为裙的蹼状组织相连，它的中心部位有口，口上面有一对尖锐的角质腭及锉状的齿舌，用来钻破贝壳，刮食其肉。

　　章鱼是雌雄异体的。雄体具一条特化的腕，称为化茎腕或交接腕，用以将精包直接放入雌体的外套腔内。普通章鱼于冬季交配。卵长约0.3厘米，总数达10万以上，产在岩石下或洞中。幼体于4~8周后孵出，孵化期间雌体守护在卵旁，用吸盘将卵弄干净，并用水将卵搅动。幼章鱼形状酷似成体，孵出后需随浮游生物漂流，几周内沉入水底隐蔽。

　　大部分章鱼用吸盘沿海底爬行，但受惊时会从体管喷出水流，喷射的水流强劲，从而迅速向反方向移动。遇到危险时会喷出墨汁似的物质，作为烟幕。主要以蟹等甲壳动物为食。该种被认为是无脊椎动物中智力最高者，又具有高度发达的含色素的细胞，故能极迅速地改变体色，变化之快亦令人惊奇。

▼章鱼

　　章鱼之所以能在大海里横行霸道，是与它有着特殊的自卫和进攻的"法宝"分不开的。首先，它有8条触手，每一条触手上有300个吸盘，落入其手的猎物没有能逃脱的。即使在它睡觉的时候，也会留有1～2条触手值班，出现敌情，触手可以马上做出反应，保护自己。第二个法宝，章鱼能够变色，它一次可以变出六种颜色。它可以把身体的颜色变得和周围几乎一样，可以很好地捕捉猎物和躲避敌害。第三个法宝，章鱼能够喷射墨汁。章鱼身体里有一个墨囊，它能一次、两次，甚至连续六次向外喷射墨汁，墨液不但黑色浓郁，还含有麻醉物质，用来在危险的时候混沌现场，弄昏对手，保护自己逃脱。第四个法宝就是它有很强的再生能力，能在危急关头壮士断腕，舍弃几条触手逃得性命。如果章鱼碰到劲敌逃跑不了，它就会把它的触手扔出几条给对方，对方吃触手就不攻击章鱼了，趁此机会就可以赶快溜走。它断触手的地方，肌肉能使劲收缩，一点也不流血。过不了几天它断触手的地方又能长出一个新的触手。第五大法宝，就是它有变形脱身的绝技。章鱼是软体动物，没有骨骼，能任意变形，能通过很小的狭缝孔洞移动身体，所以被它追捕的猎物根本是无处可躲的。

　　章鱼有较发达的神经系统，章鱼本身非常聪明，对人又很亲善，所以欧洲有些地方的渔民很早就知道训练章鱼捕捉海底的贝、蟹，甚至鱼类。章鱼天性好奇、肯学，还有很好的记忆，对掌握的经验永不忘记，所以章鱼可以说是海洋之精灵。

最终极的隐居者——巨型乌贼

当皮克与汤米到达一个叫"葡萄牙"的小海湾时，皮克发现一个大家伙正漂浮在离岸边不远的水面。他们想看个究竟，于是划船过去。开始皮克以为那是一艘沉船的残骸，试图把它拉上船。不料，这团大家伙突然活动起来，并甩出一条长长的触须缠住了长达6米的小船，还用它那大得吓人的大喙猛啄船体，另一短肢则牢牢地靠住小船。接着，这头怪物拖着小船向海底下沉。此时，汤米表现出了非凡的勇气，他立即从船舵的位子上跳起来，抓起一把斧子砍断了怪物的长须和短肢。

被砍下的那条长触须被带给了当地一位业余博物学家摩西·哈维牧师。经过仔细辨认后，哈维认为这条长5米、周长达1米的触须来自乌贼家族某一未知成员。哈维在向外界介绍这条触须时这样写道："我现在是动物世界罕见动物样本的拥有者。这个样本是神秘章鱼（旧时对巨型乌贼的称呼）的一条真正的触须。关于它们的存在，博物学家已经争论了几个世纪。现在，我知道在我的手里握有打开这个神秘世界的钥匙，因为这把钥匙，自然史将翻开新的一章。"第二年，哈维牧师花巨资从一个渔民那里买下了一条完整的巨型乌贼，并在他的起居室向公众展示了这头怪物。

在很多人的眼中，深海巨型乌贼是终极隐居者，人们推测它们一生中绝大部分时间都是在深海的黑暗中度过的。它们只是在死后或垂死之时才浮出水面，或者被海潮冲到岸边才被人发现。但等人们发现它们的尸体时，这些尸体要么因腐败而残缺不全，要么已被海洋中的食肉动物啃得支离破碎。因此，毫不奇怪，自这种动物正式被科学家们确认到现在，130年过去了，人们对它的了解依然还是少得可怜。一位世界著名的巨型乌贼研究者甚至风趣地说："我们对恐龙的了解要比对巨型乌贼的了解多得多。"

最初，科学界并不太清楚巨型乌贼是否属于软体动物门。如果是这样，那么鼻涕虫、蜗牛、贝壳就要算作巨型乌贼的近亲了。只是与这三门亲戚不同的是，乌贼是海生动物，有一个由3颗心脏组成的循环系统和一

▼巨型乌贼

个进化得很好的大脑，所以它被归入软体动物门下的头足纲，在这一纲里还有墨鱼、章鱼、鹦鹉海螺等。在乌贼种群里，有650个不同的物种，巨型乌贼只是其中的一个种。它们具有共同的特征：身体被长长的、圆形的袋状覆盖物包裹，在尾部有两个对称的鳍；与身体相比，头部显得很短，但有两只出奇大的眼睛；有8只布满吸盘的胳膊；有一个坚硬得像鹦鹉的喙一样的嘴；有两条长长的进食用的触须，触须的顶端像一个大头木棒，布满了吸盘；有一根喷墨管从袋状包裹物上伸出。

对巨型乌贼的研究是一个非常恼人的问题。目前，全世界只有250多个样本可供研究。更令人沮丧的是，这些样本不是残缺不全就是严重损坏。巨型乌贼娇嫩的身体组织极易腐败，而且用来保存它们的化学物质还会使这些组织的有机结构永久改变。正因为如此，每当一个样本送到科学家的手中时，他们只有几天的研究时间。在一般情况下，科学家先是对这些样本进行物理测量，然后把结果归纳起来再与相似物种的已知特征进行比较，从中找到新的知识。奇怪的是，在这些样本中几乎没有雄性和幼年巨型乌贼。

科学家推测，这是因为它们可能居住在离海面 200～1000米深的地方，这个深度人们很难到达。之所以作出这样的推测，一是因为有渔船进行深海拖网时偶尔捕获到了巨型乌贼，二是人们在抹香鲸的肚子里曾经找到了巨型乌贼的硬质喙。解剖巨型乌贼的尸体，也提供了一些证据。由此可以推知它们一定能很好地适应深海环境——体内没有任何充气组织结构，不用担心潜泳到某一深度时会被压扁，所以可以推测它们一定可以潜得很深很深。我们人类的肺泡和鱼类的鳔，这些充气组织会随着压力的变化而膨胀或收缩，所以人在水里不能潜得太深。一般，一只巨型乌贼在海面上被人发现时，它很可能正在死去。这是因为对巨型乌贼来说，它体内的血蓝蛋白（运输氧气的化合物）在温暖的海水里会变得效率低下，当它一点一点地浮上海面时，水温也一点一点地升高，肌肉也慢慢地变得松弛无力。可想而知，它的命运也就一点一点地被注定了。此外，巨型乌贼的一对直径达25厘米的大眼睛在黑暗的深海里得到进化，不可能适应海面上的强光，因此，当它浮出海面时会因为大量光线而致盲，变得脆弱不堪。这就是为什么人们不能捕捉到或看到活生生的巨型乌贼的原因。

迄今为止，人们对巨型乌贼的了解主要还是限于解剖学上的认识，归纳起来，有以下内容：巨型乌贼能长多大？根据《吉尼斯世界纪录大全》记载，1888年人们在纽芬兰看到的巨型乌贼是有记载以来最大的乌贼，它长18.3米（包括触须），重1吨。科学家发现巨型乌贼喙的大小与其身体大小有一定的关系，由此推测一般成年巨型乌贼可长到6～12米，重50～300千克。值得注意的是，巨型乌贼不是由普通乌贼长大的，而是乌贼家族中的一个特有种。一般地说，它们的体积是由食物的多少和食物的营养价值所决定的。由此可知，它们吃得多，但新陈代谢要慢得多。因此，支持每千克体重所需要的焦耳能量就要少得多。巨型乌贼也叫大王乌贼，它的幼仔比普通乌贼的幼仔要小一些。

最爱穿条纹睡衣的鱿鱼

鱿鱼属软体动物类，是乌贼的一种，体圆锥形，体色苍白，有淡褐色斑，头大，前方生有触足10条，尾端的肉鳍呈三角形，常成群游弋于深约20米的海洋中。目前市场上看到的鱿鱼有两种：一种是躯干较肥大的鱿鱼，它的名称叫"枪乌贼"；一种是躯干细长的鱿鱼，它的名称叫"柔鱼"，小的柔鱼俗名叫"小管仔"。

枪乌贼科是头足纲的一科，属于该科的动物通称枪乌贼，约有50种，常活动于浅海中上层，垂直移动范围可达百余米。枪乌贼以磷虾、沙丁鱼、银汉鱼、小公鱼等为食，本身又为凶猛鱼类的猎食对象。枪乌贼卵子分批成熟，分批产出，卵包于胶质卵鞘中，每

▲鱿鱼

个卵鞘随种类不同包卵几个至几百个，不同种类的产卵量差别也很大，从几百个至几万个不等。

鱿鱼肉质细嫩，干制品称"鱿鱼干"，肉质特佳，富含蛋白质、钙、磷、铁等，并含有十分丰富的诸如硒、碘、锰、铜等微量元素。中医认为，鱿鱼有滋阴养胃、补虚润肤的功能。

据中国渔业协会远洋分会资料显示，鱿鱼具有高蛋白、低脂肪、低热量的优点，其营养价值毫不逊色于牛肉和金枪鱼。每百克干鱿鱼含有蛋白质66.7克、脂肪7.4克，并含有大量的碳水化合物和钙、磷、磺等无机盐。鲜活鱿鱼中蛋白质含量也高达16%～20%，脂肪含量极低，仅为一般肉类的4%左右，因此热量也远远低于肉类食品。对怕胖的人来说，吃鱿鱼是一种好的选择。综上所述：鱿鱼富含钙、磷、铁元素，利于骨骼发育和造血，能有效治疗贫血；鱿鱼除富含蛋白质和人体所需的氨基酸外，还含有大量的牛磺酸，可抑制血液中的胆固醇含量，缓解疲劳，促进恢复视力，改善肝脏功能；鱿鱼所含多肽和硒有抗病毒、抗射线的作用。

最容易颠倒雌雄的草海龙

草海龙，外观像海藻草叶又像龙，是海洋鱼类中最让人惊叹的生物之一。它的全身由叶子似的附肢覆盖。草海龙主要栖息在隐蔽性较好的礁石和海藻丛生密集的浅海水域。它的外表细致华丽，头部和身体有叶状附肢，尾巴可以盘卷起来。

草海龙可长到45厘米，它的身体由骨质板组成，且延伸出一株株像海藻叶瓣状的附肢，可以让叶海龙伪装成海藻，安全地隐藏在海藻丛生、水流极慢、且未受污染的近海水域中栖息与觅食。海龙没有牙齿，它们的嘴像吸管一样，能把浮游生物与像小虾的海虱吸进肚子里。草海龙的大小与叶海龙差不多，不同的是草海龙有红色、紫色与黄色，有的胸上有宝蓝色条纹，身上和尾部的附肢也比叶海龙细小许多，外表比较接近海马。

草海龙属于海龙科，栖息水域的一般深度为4～30米，但在50米深的水域也可以发现草海龙的踪影。幼体的草海龙一般生活在较浅的水域，而成体草海龙则喜欢生活在10米以下的海域。

成体草海龙的体色可因个体差异以及栖息海域的深浅而从绿色到黄褐色各不相同。与同一家族的海马一样，草海龙在孵育后代的过程中也往往存在"角色颠倒"的现象。每年的8月至次年的3月是草海龙的繁殖季节。在交配期间，雌性的草海龙会将一定数量

▲海马

（一般是150～250个）的卵排放在雄性草海龙尾部的由两片皮褶形成的育婴囊中，而雄草海龙则要担负起孵化卵的重任。草海龙卵一般需要在雄性个体的育婴囊中待上大约2个月的时间，才可以孵化成为幼体草海龙。雄性海龙能够携带150~200枚卵。

从1982年起，澳大利亚政府将草海龙列为了保护动物。虽然不像其他神秘海洋动物那样难觅踪影，但亲眼见到这种特殊海龙的人却变得越来越少了。由于环境污染和工业废水流入海洋，草海龙已濒于灭绝。近年来，草海龙的生存受到很大的威胁，不但澳洲南部浅海水域污染的问题愈来愈严重，海龙美丽可爱的模样、不易迅速游动的身躯、与常保静止不动的习性，也使它们经常遭到一些不道德的人的捕捉。目前草海龙和叶海龙都已被列为保育动物，特别是外表细致华丽的叶海龙，更是相当稀少珍贵。

爱情最忠贞的蝴蝶鱼

蝴蝶鱼俗称热带鱼，是近海暖水性小型珊瑚礁鱼类，最大的体长可超过30厘米，如细纹蝴蝶鱼。蝴蝶鱼身体侧扁，常在珊瑚丛中来回穿梭，它们能迅速而敏捷地穿梭在珊瑚枝或岩石缝隙里。蝴蝶鱼嘴的形状非常适合伸进珊瑚洞穴中去捕捉无脊椎动物。蝴蝶鱼生活在五光十色的珊瑚礁礁盘中，具有一系列适应环境的本领，其艳丽的体色可随周围环境的改变而改变。蝴蝶鱼的体表有大量色素细胞，在神经系统的控制下，可以展开或收缩，从而使体表呈现不同的色彩。通常一尾蝴蝶鱼改变一次体色要几分钟，而有的仅需几秒种。

蝴蝶鱼体侧扁而高，菱形或近于卵圆形。口小，前位，略能向前伸出。蝴蝶鱼两颌齿细长，尖锐，刚

▲蝴蝶鱼

毛状或刷毛状，腭骨无齿。蝴蝶鱼的鳃盖膜与鳃峡相连，后颞骨固连于颅骨，侧线完全或不延至尾鳍基。体被中等大或小型弱栉鳞，奇鳍密被小鳍，无鳞鞘。臀鳍有三鳍棘，尾鳍后缘截形或圆凸。

许多蝴蝶鱼有极巧妙的伪装，它们常把自己真正的眼睛藏在穿过头部的黑色条纹之中，而在尾柄处或背鳍后留有一个非常醒目的"伪眼"，常使捕食者误认为是其头部而受到迷惑。当敌害向其"伪眼"袭击时，蝴蝶鱼剑鳍疾摆，逃之夭夭。

蝴蝶鱼共有150多种，包括：四眼蝴蝶鱼，为西印度群岛常见种，近尾有一具白环的黑眼状斑；斑鳍蝴蝶鱼，为西大西洋种，鳍黄色，背鳍基有一黑斑；马夫鱼，印度洋—太平洋种，具黑白两色条纹，背鳍有一极长鳍棘。骨舌总目齿蝶鱼科的齿蝶鱼也叫蝴蝶鱼，为淡水蝴蝶鱼，仅产于西非热带。胸鳍扩展如翅。水位下降时，鳔可发挥呼吸器官的作用。

蝴蝶鱼对爱情忠贞专一，大部分都成双入对，好似陆生鸳鸯，它们成双成对在珊瑚礁中游弋、戏耍，总是形影不离。当一尾进行摄食时，另一尾就在其周围警戒。

早在19世纪，欧洲学者在马达加斯加首次发现这种鱼，便起名为"马达加斯加蝴蝶鱼"。橘尾蝴蝶鱼是蝴蝶鱼中最小的一种，有较高的观赏价值。麦氏蝴蝶鱼分布于台湾海域、西太平洋等珊瑚礁区域。黄尾蝶鱼是蝴蝶鱼科蝴蝶鱼属，分布于台湾海域、西太平洋珊瑚礁区域。

在美国声学学会和日本声学学会联合会议上发布的研究报告声称，这些蝴蝶鱼可以通过各种各样的声音来交流。研究人员称，这种鱼可能进化出独特的解剖学结构，以增强它们对声音的应用。其实所有鱼都有内耳（跟我们人类的内耳一样，也担负着倾听声音和维持身体平衡的任务），它们充满气的鱼鳔对声波很敏感，侧线能感应周遭水域的异动（侧线是一条伸展于躯干和尾部的纵行管道，它和布满头部的分支构成侧线器官，能感知低频率的振动，从而判断水流方向和压力，以及周围生物的活动情况等）。这三种结构对鱼的听觉都有帮助。声音的振动通常能够通过骨头传到内耳，也可以通过鱼鳔或侧线传送到内耳，但不是所有鱼都具备这三种结构（比如鲨鱼就没有鱼鳔），也不是所有鱼的鱼鳔、侧线和内耳之间都有联系。多年以前人们就已发现，蝴蝶鱼体内只有一种侧线和内耳有联系。科学家们推测蝴蝶鱼的解剖学结构跟探测声音有关，但没人知道听觉在蝴蝶鱼的生活中扮演着怎样的角色。

在一项试验中，研究人员向几对蝴蝶鱼的鱼鳔内注射了少量凡士林，阻碍声波通过鱼鳔传播到内耳和侧线。经过处理的蝴蝶鱼游动时与伴侣靠得很近，比没处理过的近得多，可见，它们感知彼此声音的能力受到了影响。专家认为，考虑到蝴蝶鱼非比寻常的社会性，它们有可能为了加强沟通而进化出独特的结构。

美国罗德岛大学的海洋生物学家指出，尽管研究小组已经研究这种鱼群多年，但发声和社会行为之间的关系一直没有受到重视。这个发现提醒我们"在研究珊瑚礁生物群落的过程中，有必要考虑到多种因素：不仅仅研究动物种群的行为和生态，还要考虑到人类制造的日益增强的噪声对水下环境有什么影响"。

会分身术的海星

海星是海生无脊椎动物的统称，并不属于鱼类，体扁，星形，具腕，现存1800种，见于各海洋，太平洋北部的种类最多。

海星腕中空，有短棘和叉棘覆盖；下面的沟内有成行的管足（有的末端有吸盘），使海星能向任何方向爬行，甚至爬上陡峭的面。低等海星取食沿腕沟进入口的食物粒。高等种类的胃能翻至食饵上进行体外消化，或整个吞入。海星内骨骼由石灰骨板组成，通过皮肤进行呼吸，腕端有感光点。海星多数雌雄异体，少数雌雄同体；有的行无性分裂生殖。

海星与海参、海胆同属棘皮动物。它们通常有5个腕，但也有的有4个腕或6个腕，有的多达40个腕，在这些腕下侧并排长有4列密密的管足。海星用管足既能捕获猎物，又能让自己攀附岩礁，大个的海星甚至有好几千管足。海星的嘴在其身体下侧中部，可与海星爬过的物体表面直接接触。海星的体型大小不一，小到2.5厘米，大到90厘米，体色也不尽相同，几乎每只都有差别，最多的颜色有橘黄色、红色、紫色、黄色和青色等。

海星的呼吸器官是皮鳃。皮鳃是从骨板间伸出的膜状突起，内面和体腔相通。皮鳃简单或具分枝，单个分散或集合成皮鳃区。海星的皮鳃可增加呼吸的能力和面积，好像鱼在水中凭借鳃来呼吸。

人们一般都认为鲨鱼是海洋中凶残的食肉动物，有谁能想到栖息于海底沙地或礁石上，平时一动不动的海星，也是食肉动物呢。由于海星的活动不能像鲨鱼那般灵活、迅猛，故而，它的主要捕食对象是一些行动较迟缓的海洋动物，如贝类、海胆、螃蟹和海葵等。它捕食时常采取缓慢迂回的策略，慢慢接近猎物，用腕上的管足捉住猎物并用整个身体包住它，将胃袋从口中吐出、利用消化酶让猎获物在其体外溶解。我们已知海星是海洋食物链中不可缺少的一个环节。它的捕食起着保持生物群平衡的作用，如在美国西海岸有一种文棘海星，时常捕食密密麻麻地依附于礁石上的海虹（淡菜）。这样便可以防止海虹的过量繁殖，避免海虹侵犯其他生物的领地，以达到保持生物群平衡的作用。

尽管海星是一种凶残的捕食者，但是它们对自己的后代却温柔之至。海星产卵后常竖立起自己的腕，形成一个保护伞，让卵在内孵化，以免被其他动物捕食。孵化出的幼体随海水四处漂流以浮游生物为食，最后成长为海星。海星的食物是贝类。当海星想吃贻贝时，会先用有力的吸盘将贝壳打开，然后将胃由嘴里伸出来，吃掉贻贝的身体。海星的经济价值并不大，只能晒干制粉作农肥。由于它捕食贝类，故而对贝类养殖业十分有害。

海星分布于世界各海域，以北太平洋区域种类最多，从潮间带到水深6000米垂直分布。磁海星科是深海动物，栖息深度不小于1000米。海星生活于各种底质，但软泥底上很少见。海盘车科对底质要求不严，常随所摄食的双壳类的多少而移动。

海星的绝招是它的分身术。若把海星撕成几块抛入海中，每一块碎块会很快重新长出失去的部分，从而长成几个完整的新海星来。例如，沙海星保留1厘米长的腕就能生长出一个完整的新海星，而有的海星本领更大，只要有一截残臂就可以长出一个完整的新海星。由于海星有如此惊人的再生本领，所以断臂缺肢对它来说是件无所谓的小事。目前，科学家们正在探索海星再生能力的奥秘，以便从中得到启示，为人类寻求一种新的医疗方法。海星的腕、体盘受损或自切后，都能够自然再生。海星的任何

▼海星

一个部位都可以重新生成一个新的海星。科学家发现，当海星受伤时，后备细胞就被激活了，这些细胞中包含身体所失部分的全部基因，并和其他组织合作，重新生出失去的腕或其他部分。因此，某些种类的海星通过这种超强的再生方式演变出了无性繁殖的能力，它们就更不需要交配了，不过大多数海星通常不会进行无性繁殖。

德国莱布尼茨海洋学研究所曾发表公报说，最新研究发现，海星等棘皮动物在海洋碳循环中起着重要作用，它们能够在形成外骨骼的过程中直接从海水中吸收碳。研究发现，棘皮动物会吸收海水中的碳（例如碳酸钙），以无机盐的形式形成外骨骼。它们死亡后，体内大部分含碳物质会留在海底，从而减少了从海洋进入大气层的碳。通过这种途径，棘皮动物大约每年吸收1亿吨的碳。此前已知，燃烧化石燃料产生的温室气体进入海洋后，海水酸性会变强，伤害珊瑚礁和贝类。此次研究人员发现，酸性海水对棘皮动物的侵害也非常严重，令这类生物无法

▲海星

形成牢固的含钙外骨骼。

海星的药用价值比食用价值要大。市场上卖的干海星一般都是拿来做药料炖汤用的。海星的肉其实很少，基本上无食用价值，人们多以雄性海星来熬汤补身，若真是要吃的话，则可取雌性海星的卵（海星籽）。海星黏多糖及海星皂有抗癌活性。海星制剂对小鼠肝癌有抑制作用，并可以提高CTX和ADM化疗时的疗效，提高其对肿瘤的抑制率。其皂苷类抗癌作用在于细胞样作用。海星提取液可对抗泼泥松引起的小鼠脾脏减轻和抑制小鼠肝脏氧化脂反应。长棘海星还可以提高小鼠常压缺氧状态下的生存率。海星中的酸性黏多糖有调节免疫功能的作用。罗氏海盘车能明显提高小鼠负重游泳能力，提高小鼠腺体的总重量，提高小鼠全血抗氧化物质化酶的含量；增加小鼠的体重；对小鼠阳虚造型者，具有明显的壮阳作用；可促进小鼠睾丸的发育，有助于缓解阳虚小鼠的肌肉萎缩。近年来，海星的药用价值逐步被重视，不少海洋药物或食品企业开发了海星营养素胶囊等产品，对祛病强身有显著的功效。不过，海星体内有毒素，家庭滋补养生一定要慎重使用。

2007年最新报道，菲律宾2.5万平方千米的珊瑚礁有一半以上遭到海星大军的侵袭。

自2006年以来，中国北方沿海地区突现大量海星，密度高达300个/米，高峰期每天在3 000平方米左右亩海域内能拣捕到海星500多千克。海星主要集中在崂山、胶州湾、唐岛湾和胶南海域，它们疯狂地摄食鲍鱼、菲律宾蛤仔、扇贝等养殖经济贝类，一个海星一天能吃掉十几只扇贝，食量惊人，会给贝类养殖业造成巨大的经济损失。仅2006年胶南地区，因海星灾害鲍鱼养殖损失达4000余万元；2007年仅青岛海风水产养殖公司的杂色蛤养殖因海星吞食而损失高达3000余万元。据初步统计,自2007年3月份开始,在胶州湾养殖的100余平方千米亩菲律宾蛤仔已有60%遭到海星侵害,受灾率达70%~80%,部分海区高达90%,一条渔船在胶州湾养殖区一天可捕获海星800~1000千克,养殖渔民损失惨重。

控制海星的泛滥,引起了各国政府和专家的高度重视,减少其对贝类养殖的经济损失已迫在眉睫。在日本,每年都要耗费上百万资金来控制海星的危害,美国的牡蛎养殖场每年都要花费很大的人力和财力来应对其危害。同时,海星的危害已引起各级政府的高度重视。

最怪异的海洋生物

　　鱼，有的生活在江河里，有的生活在大海里。鱼有大有小，大鱼个头超过一头象，小鱼小得像一根细细的针。鱼的模样更是千差万别，有的长相极美，有的却丑陋无比，有的更是将自己扮成植物的模样。只有人类想不到的样子，没有鱼儿长不成的形状。

眼睛最不寻常的鱼

比目鱼栖息在浅海的沙质海底，以捕食小鱼虾为食。它最显著的特征是，两眼完全在头的一侧；另一特征为体色，有眼的一侧（静止时的上面）有颜色，但下面无眼的一侧为白色。其他特征为沿背、腹缘分别具长形的背鳍、臀鳍。比目鱼的身体表面有极细密的鳞片。比目鱼只有一条背鳍，从头部几乎延伸到尾鳍。比目鱼的体形各异，小型种仅长约10厘米，而最大的大西洋大比目鱼有2米长，重达325千克。

比目鱼属于海水鱼，它通常分布在沿赤道诸大洋西侧暖流广，种类特多，它们主要生活在温带水域，是温带海域重要的经济鱼类，黄、渤海沿岸寒流强且有黄海冷水团，冷温性种类较多，西太平洋南海等未受冰川期的强烈影响，种类也很多。也有少数种类，在中国可进入江河淡水区生活。

比目鱼被认为是两鱼并肩而行，因此而得名比目鱼。比目鱼的眼睛是怎样凑到一起的呢？原来，从卵膜中刚孵化出来的比目鱼幼体，完全不像父母，而是和普通鱼类的样子很相似。眼睛长在头部两侧，每侧各一个，对称摆放。它们生活在水的上层，常常在水面附近游泳。大约经过20天，比目鱼幼体的形态开始变化。当比目鱼的幼体长到1厘米时，奇怪的事情发生了。比目鱼一侧的眼睛开始搬家。它通过头的上缘逐渐移动到对面的一边，直到跟另一只眼睛接近时，才

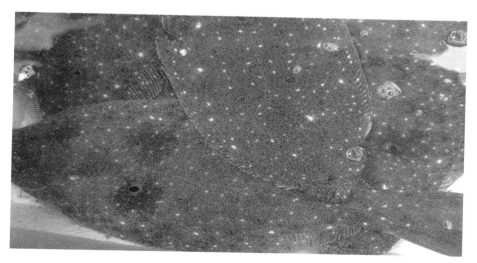

▲比目鱼

停止移动。不同种类的比目鱼眼睛搬家的方法和路线有所不同。比目鱼的头骨是由软骨构成的。当比目鱼的眼睛开始移动时，比目鱼两眼间的软骨先被身体吸收。这样，眼睛的移动就没有障碍了。比目鱼的眼睛移动时，比目鱼的体内构造和器官也发生了变化。比目鱼已经不适应漂浮生活，只好横卧海底了。

比目鱼的生活习性非常有趣，在水中游动时不像其他鱼类那样脊背向上，而是将有眼睛的一侧朝上，侧着身子游泳。它的日常功课就是平卧在海底，身体上盖上一层沙子，只露出两只眼睛以等待捕食。这样看来，两只眼睛在一侧也是种优势，当然这也是比目鱼在进化过程中利于生存的一种潜规则方式。

由于它特殊的眼睛，所以，比目鱼在游动的时候需要两条同类别的鱼并排来辨别方向。一般比目鱼都有着成双成对的寓义。因此，比目鱼被人们看作爱情的象征。

最像吸血鬼的鱼

动物学家们在缅甸的小溪中发现一种小鱼，与其他鱼类不同的是，它有着像吸血鬼一样的牙齿，因此被称为"达尼埃拉·德拉库拉"（西方传说中吸血鬼的名字）。据英国《太阳报》报道，这种半透明的小鱼只有17毫米长，属于鲤科，这一科的鱼大多都是淡水鱼，如鲤鱼。这条"吸血鬼鱼"被正式宣布为是一个新的物种。伦敦自然科学博物馆的动物学家拉尔夫·布里茨博士为这一发现感到高兴，他说："这条鱼是近10多年来发现的最令人惊奇的脊椎动物。"他还说："'吸血鬼鱼'的牙齿是最令人兴奋的地方，因为鲤科的其他3700多个成员都没有牙齿，它们的牙齿早在5000万年前就消失了。"

它们并不大，而且也不漂亮，但是这种学名叫作

▲斑马鱼

"Danionella dracula"的小鱼却是非常奇特。这种体长仅1.7厘米的小鱼在其上下腭长着吸血鬼一般的尖牙，它是3700多种鲤形目鱼类中唯一一种长有尖牙的鱼类，雄性的大牙齿在领地争夺时会派上用场。英国伦敦国家历史博物馆鱼类研究专家说："这项发现之所以非常令人惊异的原因是鲤形目鱼类在0.5亿年前就已进化消失了牙齿结构。"为什么这种小鱼在进化历程中仍保留着牙齿结构呢？科学家经过进一步分析得出结论，这种吸血鬼鱼牙齿般的结构并不是牙齿，而是一种骨骼，或者更准确地说是腭骨的副产物，这些骨骼会刺破皮肤生长形成弯曲的尖状结构。它的下颚可以张开较大的角度，与身体主躯干呈45°~60°。

通过对比吸血鬼鱼的DNA和斑马鱼以及鲤形目鱼类，布瑞特兹评估出这种骨骼突出结构是在0.3亿年前鲤形目鱼进化失去牙齿后逐渐形成的，但吸血鬼鱼并不将这种奇特的牙齿用于捕食。

最会隐身的迷幻躄鱼

在南太平洋的新喀里多尼亚岛附近的一种海鱼，它色彩斑斓，善于伪装，胸鳍强壮，在海底用胸鳍"爬行"，看起来很像珊瑚，它就是躄鱼。它同时也存在于巴布亚新几内亚和印度尼西亚群岛周围的海域内。这里有著名的三角形珊瑚礁群，非常适合它的生长。躄鱼绝对可以称得上是一种非常聪明的生物，有惊人的伪装术，擅长表演失踪的把戏，再利用头前的诱饵，在捕食前静藏、"隐身"，舞动头前的诱饵，使鱼儿来觅食，那样就可一口吞掉鱼儿。人们通常将它叫作"迷幻躄鱼"。

迷幻躄鱼的皮肤呈胶状，显现肥胖，肉质厚而松软，它的皮肤上覆盖着白色条纹，这些白色条纹是从眼睛呈放射状向身体蔓延。这种白色素可以使它的皮肤色彩更加绚烂多彩，更便于混入海底五颜六色有毒的珊瑚丛中寻求庇护。

迷幻躄鱼的形态体色是拟态，它是一种具有视觉欺骗性、却没有毒性的鱼类，它的进化方式是模拟美丽多彩的有毒动物。迷幻躄鱼具有非同寻常的颜色辨别能力，能模仿多个硬珊瑚种类。硬珊瑚通常是这种凝胶状鱼类的藏身地。每一条的外形就如同人的指纹一样独特。此外，科学家认为迷幻躄鱼脸部周围的多肉组织就像猫的胡须一样，可以助其在黑暗中锁定猎物或其他物体的位置。

　　迷幻蟾鱼面部的外轮廓可能有一种感官结构，就如同猫胡须一样具有灵敏的感知能力，这种鱼通过面部外轮廓感官结构能够感触到一些海底洞穴内部石壁的状况，便于在珊瑚礁之间狭小的空间进行探索。这种鱼的下颚长着2~4排不对称的小牙齿，可用于咀嚼更小的鱼类、虾以及其他海洋生物。这种鱼喜欢成双成对地活动，它们经常会隐藏得非常好，只有当潜水员在海底碎石中仔细地观察才会发现它们的踪迹。一旦它们被发现，迷幻蟾鱼就会立即试着脱离潜水员的视线范围，进入海底岩石裂缝中，或很大程度地扭曲自己的身体钻进某个小洞中。它还有一个显著特征，就是

▼海葵

会充分利用自己的腹鳍探索自己所在的环境和位置，就如同我们使用手一样。

迷幻躄鱼通过海洋水流推进抵达海洋的各个角落，并且通过完全张开自己的身体，形成充分的身体张力才能在水中前进。在向前游动的时候，它们会把尾巴紧紧地蜷曲向身体的一边，这个时候的它们看起来就像一个膨胀鼓起的皮球，在海底跳来跳去。

最玲珑剔透的管眼鱼

管眼鱼是一种令科学家惊奇的新物种，虽然早在几十年前就已发现，但直到现在才揭示它的秘密。深海2000多英尺处生活着一种奇特的小型鱼类，它们叫作"管眼鱼"，长着透明的头部和管状眼睛。这种鱼第一次被发现是在1939年，生物学家知道这种鱼特殊的眼睛结构能够很好地收集光线，但是管状眼睛却导致它们视野狭隘。科学家的最新研究发现，管眼鱼的眼睛能够旋转，并且它们的视野并不狭隘，能清楚地看到头部上方的猎物活动状况，它们可通过透明的头部直接探测正面前方和头部上方的猎物。

管眼鱼是一种适应海底漆黑环境的深海鱼，生活在海底2000英尺的区域，太阳光很难照射进来。它们可使用非常灵敏的管状眼睛搜寻头部上方轮廓模糊的猎物目标。科学家曾认为管眼鱼的眼睛是固定向上方凝视的，但是这种推测是不成立的，因为这将导致管眼鱼无法发现正前方的猎物，并且它们的小型尖状嘴很难捕捉上方的猎物。管眼鱼在深海漆黑环境中究竟是如何捕猎的呢？今年，美国加利福尼亚州蒙特雷海湾水族馆研究所使用远程水下机器人对蒙特雷海湾深海管眼鱼进行探索研究。600~800米的深海处，远程水下机器人装配的摄像仪拍摄到管眼鱼悬浮在水中，在仪器明亮光线的照射下，管眼鱼的眼睛释放出鲜艳的绿色光线。同时也揭示了之前未曾发现的该鱼类奇特特征——它的眼睛由透明、充满液体的头部外壳覆盖着，这个透明外壳位于管眼鱼头部顶端。当一条管眼鱼被打捞到船上时，它在深海中充满液体的透明外壳没有了，这可能是由于在深海渔网捕捞时将它的透明头部外壳损坏了。

海洋生物学家经过观察得知，它的管状眼睛非常善于聚光，虽然管眼鱼面朝下，但眼睛还是朝上看。管眼鱼的眼睛只能固定在一个点上，长在头部上方，形成"隧道"视野。研究所的布鲁斯·罗宾逊和肯姆·里森毕奇勒两人做了一份研究报告，称这些奇异的眼睛能够围绕覆盖在它头部的一个透明护罩旋转。这样它能够向上窥视，查看潜在的敌人或寻找食物。深海鱼使用各种神奇的方式适应漆黑的深海环境。

除了它们头上神奇的"帽子"，管眼鱼还有其他各种各样有趣的适应深海生活的方式。它们大而平的鳍使它们可以浮在水中一动不动，动作非常正规。它们的小嘴巴可以非常精确和有选择性地捕捉小猎物。另一方面，它们的消化系统非常大，这表明它们可以吃各种各样的漂流小鱼和水母。科学家解剖发现它们胃里有水母的碎片。

管眼鱼这种奇特的生理适应性一直困扰着几代海洋学家。只有随着现代水下机器人的出现，科学家才能够观察到这些动物在自然深海环境中的情形，才能够充分地了解这些生理特性是怎样帮助它们生存的。

珊瑚虫是腔肠动物，身体呈圆筒状，有8个或8个以上的触手，触手中央有口。珊瑚虫多群居，结合成一个群体，形状像树枝。它的骨骼叫作珊瑚，产在热带海中。珊瑚虫种类很多，是海底花园的建设者之一。它的建筑材料是它外胚层的细胞所分泌的石灰质物质，建造的各种各样美丽的建筑物则是珊瑚虫身体的一个组成部分外骨骼。平时能看到的珊瑚便是珊瑚虫死后留下的骨骼。

珊瑚虫身微小，口周围长着许多小触手，用来捕获海洋中的微小生物，它们能够吸收海水中的矿物质来建造外壳，以保护身体。珊瑚虫只有水螅型的个体，呈中空的圆柱形，下端附着在物体的表面，顶端有口，围以一圈或多圈触手。触手用以收集食物，可作一定程度的伸展，上有特化的细胞（刺细胞），刺细胞受刺激时翻出刺丝囊，以刺丝麻痹猎物。

软珊瑚、角质珊瑚及蓝珊瑚为群体生活。群体中的每个水螅体各有8条触手，胃循环腔内有8个隔膜，其中6个隔膜的纤毛用以将水流引入胃循环腔，另两个隔膜的纤毛用以将水引出胃循环腔。

软珊瑚分布广泛，其骨骼由互相分离的含钙骨针组成。一些种类呈盘状，另一些有指状的突出物。角质珊瑚在热带浅海中数量丰富，外形呈带状或分支状，长度可达3米，角质珊瑚包括所谓的贵珊瑚（红

▲ 珊瑚

珊瑚、玫瑰珊瑚），可用作首饰。其中常见的种类有地中海的赤珊瑚。蓝珊瑚见于印度洋和太平洋中石珊瑚形成的珊瑚礁上，形成直径达2米的块状。

石珊瑚是最为人熟知、分布最广泛的种类，单体或群体生活。与黑珊瑚和刺珊瑚一样，隔膜数为6或6的倍数，触手简单而不呈羽状。石珊瑚、黑珊瑚和刺珊瑚与有亲缘关系的海葵的不同之处主要在于珊瑚有外骨骼。石珊瑚见于所有海洋，从潮间带到6000米深处。群体生活的种类，其水螅体直径为1～3毫米。大多数现存石珊瑚为浅黄色、浅褐色或橄榄色，依生活于珊瑚上的藻类而定。最大的营单体生活的石珊瑚属石芝属，直径可达25厘米左右。石珊瑚的骨骼呈杯状，包住水螅体，其成分几乎纯为碳酸钙。其生长率取决于年龄、食物供应、水温以及种类的不同。环状珊瑚岛和珊瑚礁由石珊瑚的骨骼形成。其形成的速度平均每年为5~28毫米。常见的石珊瑚类型包括脑珊瑚、蘑菇珊瑚、星珊瑚和鹿角珊瑚等，均以其形态命名。黑珊瑚和刺珊瑚呈鞭状、羽毛状、树木状或瓶刷状，分布于地中海、西印度群岛或巴拿马沿岸海域。

聚在一起成为群体的珊瑚，其骨架不断扩大，从而形成形态万千、生命力巨大、色彩斑斓的珊瑚礁。著名的大堡礁就是这样形成的。群体生活的珊瑚虫，它们的骨架连在一起，肠腔也通过小肠系统连在一起，所以这些群体珊瑚虫有许多"口"，却共用一个"胃"。能够建造珊瑚礁的珊瑚虫大约有500种，这些造礁珊瑚虫生活在浅海水域，水深50米以内，适宜温度为22~32℃，如果温度低于18℃则不能生存。所以在高纬度海区人们见不到珊瑚礁。珊瑚虫的触手是对称生长的，根据触手的数目，可将珊瑚虫分为六放珊瑚和八放珊瑚两个亚纲。

珊瑚虫体内有藻类植物和它共同生活，这些藻类靠珊瑚虫排出的废物生活，同时给珊瑚虫提供氧气。藻类植物需要阳光和温暖的环境才能生存，珊瑚堆积得越高，越有利于藻类植物的生存。

珊瑚虫每个个体之间以一种叫作共肉的结构彼此

相连，共肉部分能分泌角质或石灰质的外骨骼。珊瑚虫的触手很小，都长在口边，海水经过消化腔时，其中的食物和钙质都被它吸收了。珊瑚的群体骨骼式样繁多，颜色各异。红珊瑚像枝条劲发的小树；石芝珊瑚像拔地而起的蘑菇；石脑珊瑚如同人的大脑；鹿角珊瑚似枝丫茂盛的鹿角；筒状珊瑚像嵌在岩石上的喇叭……颜色有浅绿、橙黄、粉红、蓝、紫、褐、白……这些千姿百态、五彩缤纷的珊瑚骨骼在海底构成了巧夺天工的水下花园。

我国南海的东沙群岛和西沙群岛、印度洋的马尔代夫岛、南太平洋的斐济岛以及闻名世界的大堡礁，都是由小小的珊瑚虫建造的。

珊瑚的卵和精子由隔膜上的生殖腺产生，经口排入海水中。受精通常发生于海水中，有时亦发生在胃循环腔内。通常受精仅发生于来自不同个体的卵和精子之间。受精卵发育为覆以纤毛的浮浪幼体，能游动。数日至数周后固着于固定表面上发育为水螅型体，也可以出芽的方式生殖。芽形成后不与原来的水螅体分离。新芽不断形成并生长，于是形成群体。新的水螅体生长发育时老水螅体死亡，但其骨骼仍留在群体上。

由大量珊瑚形成的珊瑚礁和珊瑚岛，能够给鱼类创造良好的生存环境，加固海边堤岸，扩大陆地面积。因此，人们应当保护珊瑚，保护珊瑚虫！

海葵是我国各地海滨最常见的无脊椎动物，有绿海葵、黄海葵等。

海葵，是六放珊瑚亚纲的一目。虽然海葵看上去很像花朵，但其实是捕食性动物。这种无脊椎动物没有骨骼，锚靠在海底固定的物体上，如岩石和珊瑚。它们可以很缓慢地移动。海葵非常长寿。寄居蟹有时会把海葵背在背上作为伪装。

海葵共有1000种以上，广布于海洋中。一般为单体，无骨骼，富肉质，因外形似葵花而得名。口盘中央为口，周围有触手，少的仅十几个，多的达千个，如珊瑚礁上的大海葵。触手一般都按6和6的倍数排成多环，彼此互生；内环先生较大，外环后生较小。触手上布满刺细胞，用做御敌

▼珊瑚虫

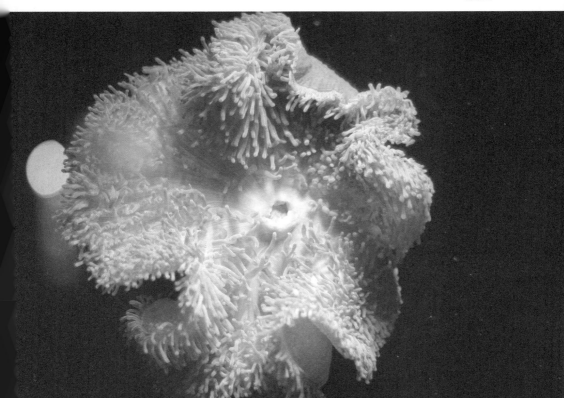

和捕食。大多数海葵的基盘用于固着，有时也能作缓慢移动。少数无基盘，埋栖于泥沙质海底，有的海葵能以触手在水中游泳。海葵是一种构造非常简单的动物，没有中枢信息处理机构，因此，它连最低级的大脑基础也不具备。

暖海中的海葵个体较大，呈圆柱形。在岩岸贮水的石缝中，常见体表具乳突的绿侧花海葵。在我国东海，太平洋侧花海葵的数量每平方米可达数百至近万个。在几平方厘米的贝壳、石块上，也会有紫褐色带橘黄色纵带的纵条肌海葵，当其收缩时酷似西瓜又名西瓜海葵。此外，还有触手众多的细指海葵等。

▼海葵

　　海葵为单体的两匹层动物，无外骨骼，形态、颜色和体形各异。辐射对称，桶形躯干，上端有一个开口，开口旁边有触手。触手起保护作用，还可以抓紧食物。触手上面布有微小的倒刺。海葵通常身长2.5~10厘米，但有一些甚至可长到1.8米。

　　海葵没有骨骼，在分类学上隶属于腔肠动物，代表了从简单有机体向复杂有机体进化发展的一个重要环节。它是一种原始而又简单的动物，只能对最基本的生存需要产生反应。海葵环绕在一个共同的消化系统周围的每一只触手能决定它所接触到的食物适宜与否，却没有向其他触手传递信息的功能。海葵的神经系统无法辨别周围环境的变化，只有通过实际的接触，受到刺激才会发生反应。当海葵被触动时，许多触手都会发生一阵反射性痉挛，这说明有一些基本信号传递到了海葵的全身，但是只有直接参与和食物接触的触手才有抓取食物的反应。这些信号是非常简单的，因为每次接触所产生的反应都相同。只有当食物最终进入和消化系统接触的状态时，其他触手才会开始活跃起来，纷纷把自己折皱起来，这种反应的目的只有一个，就是摄取食物，将食物包围起来，送到嘴上进食。

　　海葵的食性很杂，食物包括软体动物、甲壳类和其他无脊椎动物甚至鱼类等。这些动物被海葵的刺丝麻痹之后，由触手捕捉后送入口中。在消化腔中由分泌的消化酶进行消化，养料由消化腔中的内胚层细胞吸收，不能消化的食物残渣由口排出。

海葵多数不移动，有的偶尔爬动，或以翻慢筋斗方式移动。有些属无基盘，深埋于泥沙内，仅露出口和触手。幻海葵属在近海面处浮动，口端朝下。海葵无骨骼，但能分泌角质外膜。有的能分泌粘液，周围粘满沙粒、贝壳或其他物体。触手的刺丝囊麻痹鱼等动物。有的只吃微生物。吃海葵的有海牛、海星、鳗、比目鱼和鳕鱼。

多数海葵喜独居，个体相遇时也常会发生冲突甚至厮杀。二者常是触手接触后都立即缩回去。若二者属同一无性生殖系的成员，就逐渐伸展触手，像朋友握手一样相互搭在一起，再无敌对反应。若属不同繁殖系的成员，触手一接触就缩回，再接触再缩回，然后彼此剑拔弩张，展开一场厮杀。先是口盘基部的特殊武器即边缘结节胀大，内部充水，变成锥形，继而体部环肌收缩，使身体变高，然后将整个身体向对方压去，在压倒对方的一刹那，立即将延长的结节朝对方刺去，结节顶端有大的有毒素的刺胞，若刺到对方会立即射出毒液。双方总是你来我往，以牙还牙。几分钟后弱者主动撤退，脱离接触。若无隐身之所，它会让身体浮起来，任海水把自己冲走。若无任何退路，就会不停地遭受攻击，时间一长，也难免一死。

海葵之间争斗的主要目的是争夺生存空间。有的海葵，如直径达15厘米的连珠状大海葵，能捕食海星。据观察，当猎物接近时，它突然用触手拥抱猎物，并同时向其射出数百到数千个刺胞，很快将其杀死。海星等大的其他猎物，海葵也能很快将其置于死地。

海葵有大有小，小者如米粒，高仅0.05厘米，直径0.2厘米，稍大者如手指，再大者如碗口，更大者体高达30厘米，口盘直径达60多厘米。热带海洋的大海葵，口盘直径有1米多，身躯上端是它的圆盘状的口，口周围长满柔软的触手，触手有各种奇异的色彩，状如卷包花心，或似金丝下垂，或呈放射状向周围伸展着，犹如海底绽放的菊花。有的种触手只有一圈，有的种触手排成数圈，由内层向外按6的倍数增加，多者达200余条。触手在水中不停地摇摆，犹如风中摇曳的花瓣。许多缺乏经验的小鱼、小虫、小虾常漫不经心地

▲海葵

游过来，好奇地探察这不知名的花朵，却突然被快速收缩的触手所擒获，还未来得及作出反应，就被触手里的刺丝胞杀死，成了海葵的果腹之物。在受到巨浪等强烈刺激时，触手会收缩起来，使整个海葵收拢成球形，看起来像一块石头，或缩进海底的泥沙中。海葵呈现的鲜艳色彩，是海葵组织中共生有单细胞藻类的缘故。它所产生的碳水化合物能被海葵利用。除捕捉小鱼、小虾外，单细胞藻类也是海葵的基本食物之一。

　　海葵没有主动出击的能力。但事实上，海葵并不都是永久附于一处，有的在缓缓滑行，有的靠触手做翻转运动，还有的能在水中做短距离的游泳。极个别的海葵还会靠基盘分泌的气囊倒挂在水层中浮游。

　　海葵的呈放射状的两排细长的触手伸张开来，在消化腔上方摆动不止就像一朵朵盛开的花，非常美丽，向那些好奇心盛的游鱼频频招手。虽然不能主动出击获取猎物，但是当它的触手一旦受到刺激，哪怕只是轻轻的一掠，它都能毫不留情地捉住到手的牺牲品。海葵的触手长满了倒刺，这种倒刺能够刺穿猎物的肉体。它的体壁与触手均具有刺丝胞，那是一种特殊的有毒器官，会分泌一种毒液，用来麻痹其他动物以自卫或摄食。看来，海葵鲜艳动人的触手对小鱼来说，其实是一种可怕的美丽陷阱。海葵所分泌的毒液，对人类伤害不大，如果我们不小心摸到它们的触手，就会受到拍击而有刺痛或瘙痒的感觉。假如把它们采回去煮熟吃下，会产生呕吐、发烧、腹痛等中毒现象。因此，海葵既摸不得也吃不得。海葵简单的神经系统能力极为有限。海葵有很强的伸缩能力，口盘基部有发达的括约肌，体壁也有发达的缩肌和伸肌供身体缩小或伸展。遇到危险时，会将身体收缩，排空触手内的水，把口盘和触手全部缩入体内。海葵在完成收缩的全部过程之前，触手是不能向外伸展的。由于完成这一过程需要两个半小时，因此海葵这两个半小时之内恢复不了原状。这样，进攻者常常在海葵的触手重新露出来之前便丧失了耐心，放弃了侵扰。

　　海葵那美丽而饱含杀机的触手虽然厉害，但却以少有的宽容大度，允许一种6~10厘米长的小鱼自由出入并栖身其触手之间，这种鱼就叫作双锯鱼，也称为小丑鱼。其实双锯鱼并不丑，橙黄色的身体上有两道宽宽的白色条纹，娇弱、美丽而温顺，缺少有力的御敌本领。它们有的独栖于一只海葵中，有的是一个家族共栖其中，以海葵为基地，在周围觅食，一遇险情就立即躲进海葵触手间寻求保护。它们这种关系属共生关系，海葵保护了双锯鱼，双锯鱼为海葵引来食物，互惠互利，各得其所。除双锯鱼外，与海葵共生的鱼还有十几种。

　　海葵原始的感觉器官是否具有进一步的辨别能力呢？科学家通过实验发现，当触手接触到人工放置的塑料虾时，海葵就把它抓住，停留片刻后把它放了。因此，我们可以清楚地了解到，海葵的神经细胞已精细到能告诉它食物是不能吃的。这样就节省了把塑料虾送到消化系统那里加以辨别而需要消耗的能量，同时也说明信息并没有传遍海葵的全身，因为塑料虾每次接触不同的触手，捕捉的过程都会周而复始地进行。

　　科学家还发现海葵的寿命大大超过海龟、珊瑚等寿命达数百年的物种，是世界上寿命最长的海洋动物。采用放射性同位素碳—14技术对3只采自深海的海葵进行测定，发现它们的年龄竟达到1500~2100岁。